珍稀濒危动植物生态与环境保护教育部重点实验室
广西珍稀濒危动物生态学重点实验室
国家自然科学基金项目（编号31672343, 31372248）

中国习见蚂蚁生态图鉴

ECOLOGICAL ILLUSTRATED
OF COMMON ANT SPECIES FROM CHINA

周善义　陈志林　主编

河南科学技术出版社
·郑州·

图书在版编目（CIP）数据

中国习见蚂蚁生态图鉴 / 周善义，陈志林主编 . —郑州：
河南科学技术出版社 , 2020.1（2024.12 重印）
ISBN 978-7-5349-9697-9

Ⅰ . ①中… Ⅱ . ①周… ②陈… Ⅲ . ①蚁科—中国—图集
Ⅳ . ① Q969.554.2-64

中国版本图书馆 CIP 数据核字 (2019) 第 194168 号

出版发行：河南科学技术出版社
　　　　　地址：郑州市郑东新区祥盛街 27 号　邮编：450016
　　　　　电话：（0371）65737028　65788613
　　　　　网址：www.hnstp.cn
策划编辑：杨秀芳
责任编辑：田　伟
责任校对：王晓红
整体设计：张　伟
责任印制：宋　瑞
印　　刷：河南瑞之光印刷股份有限公司
经　　销：全国新华书店
开　　本：787mm×1092mm　1/32　　印张：10.5　　字数：252 千字
版　　次：2020 年 1 月第 1 版　2024 年 12 月第 6 次印刷
定　　价：65.00 元

编写人员名单

主编　周善义　陈志林

参编　杨　宇　刘彦鸣　单子龙　黄宝平　赵俊军

前言

蚂蚁在地球上十分常见，隶属于昆虫纲 Insecta、膜翅目 Hymenoptera、蚁科 Formicidae，是典型的社会性昆虫，种类多，群体数量大。最小的蚁群只有几十个个体，大的蚁群可以达到数亿个个体。

蚂蚁与人类的关系密切。它们在筑巢时翻松、改良土壤，在巢中储存食物，提高土壤肥力；有些蚂蚁在收藏植物种子时无意中为植物传播了种子；有些蚂蚁访花，为植物传花授粉；很多蚂蚁有捕食的习性，被人们用于防治农林害虫；蚁属 Formica 的很多种类体内含有丰富的营养和药用成分，具有明显的食疗效果且对人体无副作用，是人类可以信赖的保健食品和药品。因为蚂蚁群体社会分工明确，勤劳，生活有序，而且容易饲养，即不需太多的照料，近年来一些都市居民把它们作为宠物饲养。当然，也有少数种类入侵人们的居室，骚扰人们的生活，或者通过取食人们的食品，传播疾病而对人类造成危害；有一些种类剥食农作物的根和茎而危害农业生产。近年来，红火蚁在全世界很多国家传播，造成重大的经济损失和生态安全事故，成为国际上重要的植物检疫性害虫。

多年来，一些摄影爱好者用他们的微距镜头拍摄了不少蚂蚁生态照片。

我们收集了 161 种蚂蚁的生态照片，编写成这本彩色生态图鉴；这些蚂蚁涵盖了 11 个亚科 66 属。在选择照片时，我们尽量选择可以确定的种类。有些照片拍摄效果很好，但是仅根据照片难以确定种类，我们还是忍痛割爱，没收录入本图鉴中。本图鉴尽量做到收录种类的名称科学和准确。希望本图鉴能为高等院校师生，科研院所、植物保护部门、检验检疫部门的技术人员和广大市民认识一些常见的蚂蚁种类提供一定的帮助。

鉴于编者水平，本图鉴中难免有错误和疏漏，望广大读者批评指正。

编者

2018 年 7 月

目录

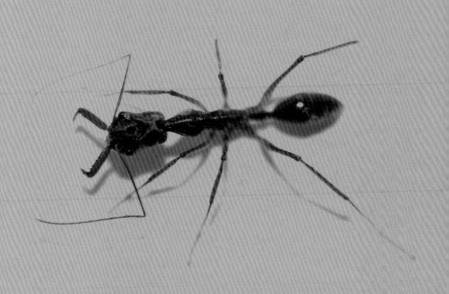

概　述

　　蚂蚁在地球上几乎随处可见，其种类很多，据统计全世界有 15 000 多种。蚂蚁通常群体生活，最小的群体只有几十只工蚁，大的群体有成千上万只甚至几亿只个体。蚂蚁的生物量巨大，美国著名的社会生物学家爱德华·威尔逊（Edward O.Wilson）认为，地球上蚂蚁的生物量大约与全部哺乳动物的生物量相当。蚂蚁在一定程度上影响着地球的生态环境；别看蚂蚁个头小，但它却是一类非常重要的动物。

1. 社会生活

　　蚂蚁是社会性昆虫，过着群体生活，一个群体就像一个大家庭。这个大家庭有蚁后、工蚁和雄蚁三种成员，社会分工明确，各司其职。

　　工蚁：平时我们看到的那些匆匆忙忙四处寻找食物的蚂蚁是工蚁。工蚁在群体中数量最多，除了产卵、繁殖以外的所有的工作都由工蚁完成，包括照顾蚁后和幼虫、清理洞穴、收集和储存食物、抵御敌害等。

　　蚁后：在蚂蚁群体中有一个或者多个比工蚁个头大，尤其是腹部大得多的蚁后。它（它们）刚出生时长有双翅，交配（与雄蚁婚飞）以后，就脱去双翅，留在家中，除了搬家和一些不得已的情况，一般很少外出。蚁后在家中唯一的任务就是产卵，其他的事一概不管，甚至连食物都由工蚁饲喂。

雄蚁：雄蚁只在年轻的蚁后（雌蚁）需要交配时才出现，所以平时很难见到。它们也长有双翅，但是和雌蚁相比，头部很小，有一对很大的复眼，上颚退化，身体比较瘦小。它们出生后什么事都不会做，吃东西也靠工蚁饲喂。雄蚁唯一的任务就是在家中养精蓄锐，等到双翅长硬以后便飞离家庭，外出寻找其他群体的雌蚁交配。蚂蚁也遵循自然法则，尽量避免近亲繁殖。雄蚁数量很多，但真正能够跟雌蚁交配的只有那些身体强壮、飞行能力强的个体。获得交配权的雄蚁在交配完成以后不久便死去，没有机会交配的雄蚁过了繁殖季节也成了家庭中的累赘，遭到工蚁嫌弃，因为不能自食其力而很快死亡。在蚂蚁繁殖季节，我们经常能在路灯下见到大量长有翅的蚂蚁就是雄蚁，它们离家后就很难再回家，最终只能暴尸荒野。

2. 蚁巢

不同的蚂蚁建筑不同的蚁巢。

土巢：蚂蚁建在地下的巢即为土巢，有些很深，可达几米；有些很浅，只在草根下。有些蚁巢洞口很光滑，有些蚁巢的洞口旁边堆放有大量土粒；有时蚂蚁在建巢时挖出很多土粒，在地面上堆成高高的蚁丘；还有些蚁巢建在石缝中、石块或倒伏的圆木下。

纸质巢：有些蚂蚁的幼虫能分泌胶状物质，成年工蚁举着幼虫将它们的分泌物涂在周围的植物上，这些胶状物质遇到空气便凝结，就像牛皮纸一样，形成纸质巢。双齿多刺蚁（*Polyrhachis dives*，异名鼎突多刺蚁）的蚁巢就是这种纸质巢。部分生活在树上的举腹蚁常常将蚁巢建在植物的茎秆上，巢壁是蚂蚁用甜溶液、真菌和分解的木质素混合做成的，较厚而且坚硬，更像是马粪纸。

悬巢：挂在树枝上的蚁巢即为悬巢，又分为泥巢和丝巢两种。黄猄蚁（*Oecophylla smaragdina*）建造的巢是丝巢。在建巢时，工蚁互相配合，把比较靠近的植物叶片拉拢，再举起老熟的幼蚁吐丝，把叶片黏合起来织成巢。有些举腹蚁能从地面叼起泥土再爬到树上，用唾液与叶片混合起来做成泥巢。

除上述类型的蚁巢外，有些蚂蚁可以利用植物上现成的洞穴或缝隙做巢；有些蚂蚁会在中空的植物（竹子、芦苇、芒箕等）茎秆中做巢；还有些蚂蚁会在树皮下、种子的外壳下面做巢。

3. 食性

肉食性：有些蚂蚁只吃肉不吃素，属肉食性蚂蚁。肉食性蚂蚁一般是那些进化地位原始的蚂蚁，如行军蚁和一些猛蚁。它们的食物是一些陆生节肢动物，如蜘蛛、千足虫、蜈蚣，以及其他一些包括小昆虫在内的小型动物等。

植食性：有些蚂蚁取食植物的叶、嫩枝、果实、种子和一些菌类，为植食性。纯植食性的蚂蚁种类不多。

杂食性：大多数蚂蚁既能取食动物，也能取食植物，这种食性为杂食性。

交食性：在很多蚂蚁群体中，工蚁给幼蚁喂食，同时又舐食幼蚁的分泌物。这种互相转换食物的现象叫作交食性。蚂蚁有一根细腰（腹柄），是不能吃大块固体食物的。它们经常把固体食物搬回家，放到幼虫怀里，幼虫得到食物便分泌消化液把固体食物消化，再把消化后的食物吃进肚子里，分泌出来的液体就成了它们的保姆——工蚁的食物。

4. 蚂蚁的共栖与寄生

（1）共栖：共栖有两种情况。一种情况是一种蚂蚁和另一种蚂蚁共同生活在同一个蚁巢里，各自取食和哺育后代，互不伤害，和平相处。另一种情况是别的昆虫和蚂蚁共同生活在一个蚁巢里，这些昆虫包括蚜虫、角蝉、木虱、跳虫、衣鱼和甲虫等。在和蚂蚁共栖的昆虫中，有些仅在一生中极短一段时间生活在蚁巢中，分泌蚂蚁喜欢的蜜露或其他分泌物而受到蚂蚁的保护；另一些昆虫长久生活在蚁巢中，为蚂蚁提供排泄物而受到蚂蚁的保护。当然，也有一些昆虫生活在蚁巢里，并不给蚂蚁提供食物，但对蚂蚁也不造成伤害，被蚂蚁默许或不被蚂蚁注意。还有一些昆虫长期住在蚁巢中，盗食蚂蚁口中食物，吞食蚂蚁的弱者、受伤者或普通个体。这些现象也归为共栖。

（2）寄生：有些种类的蚂蚁在特定的一段时间内，需要依靠其他种类的蚂蚁帮助才能生活，这种现象叫作寄生。寄生分为奴役现象的寄生和无奴役现象的寄生两类。有奴役现象的寄生蚂蚁会去抢另一种蚂蚁的工蚁，带回自己家中做奴隶。无奴役现象的寄生蚂蚁，工蚁通常生活能力极差或者没有工蚁，雌蚁交配以后就到别的蚁巢中生活和繁殖，由寄主蚂蚁的工蚁为它们哺育后代。

5. 蚂蚁的轶闻趣事

（1）蚂蚁的大小：在蚂蚁这个大家族中，多数都是小个子，但是不同种类的蚂蚁，个头相差很大。最小的蚂蚁体长只有 1 mm 左右，如小的尖尾蚁（*Acropyga* sp.）体长只有 1.3 mm，最大的蚂蚁有近

20 mm，如红足拟新猛蚁（*Pseudoneoponera rufipes*）体长可以达到18 mm，是最小的蚂蚁体长的近20倍。

（2）蚂蚁的通信：蚂蚁可以远离巢穴外出寻找食物，但回家时一般不会迷路，原因是它们能分泌一种信息素。它们经常走一段路就分泌一些信息素，返回时用触角嗅着信息素沿路返回。我们可以做一个小实验，用一把新鲜的泥土撒在蚂蚁行走的路上，新鲜泥土掩盖了蚂蚁的信息素，蚂蚁就会在新鲜的泥土上慌了神，来回奔跑。如果一只蚂蚁遇到大量的食物时，它会回家招呼同伴一起去帮忙搬运食物，同伴之间的交流也是通过信息素，互相碰碰触角就能把信息素传递给另一只蚂蚁。估计蚂蚁这些信息素包含了10～20个化学"单词"或"短语"，在不同场合使用不同的化学"单词"或"短语"。

（3）蚂蚁的"畜牧业"和"种植业"：有些蚂蚁会放牧蚜虫。这些蚂蚁很喜欢舐吸蚜虫腹部末端分泌的蜜露，需要时用触角触碰一下蚜虫，蚜虫就分泌蜜露。为了能够经常获得蚜虫的蜜露，蚂蚁便把蚜虫保护起来，一旦有动物试图捕食蚜虫，蚂蚁就会奋力攻击入侵者。为了让蚜虫得到更有效的保护，蚂蚁还会在晚上把蚜虫抱回家看管，第二天一早又把蚜虫抱回植物的嫩枝条上。非洲的切叶蚁能把植物叶片切成小块搬回家中，收藏在专门的洞穴里，在叶片上施肥，再撒上真菌，种植出蘑菇供群体成员食用。

（4）"大力士"和"飞毛腿"：蚂蚁称得上是生物界的举重冠军，它们能轻而易举地举起相当于自身体重100倍的重物，也能倒挂在树枝上叼起同样重量的物体。蚂蚁的行走速度也非常快，南美切叶蚁每分钟能行走180 m，如果按单位体积计算，相当于一个人每分钟能奔跑12 km。

（5）群体的力量：如果说单个蚂蚁力量有限，一群蚂蚁的力量则是惊人的。非洲的行军蚁居无定所，常常列队外出寻找食物。蚁群的数量非常大，行进中如排山倒海。它们所到之处，任何动物如果不及时逃离，瞬间将惨遭杀戮，仅剩一摊白骨。在遭遇山火或洪水时，有些蚂蚁群能抱成一团滚过火场或漂浮在水面上，有时还能互相首尾相连搭成桥越过水面。虽然在抗击山火或洪水过程中会牺牲部分蚂蚁个体，但仍有大量的个体存活下来，保证了种族的生存和繁衍。

蚂蚁的一般形态特征

蚂蚁在分类学上隶属于昆虫纲 Insecta，膜翅目 Hymenoptera，蚁科 Formicidae。

蚂蚁的共同特征：社会性昆虫，营群体生活，在一个蚁群中一

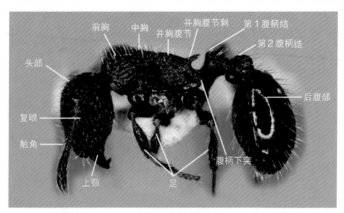

蚂蚁形态特征图

般都有蚁后、雄蚁和工蚁。工蚁无翅，有些种类的工蚁有大型和小型之分。口器咀嚼式，上颚发达；工蚁和雌蚁的触角膝状，柄节较长，与鞭节之间呈膝状弯曲；由于腹部的并腹胸和后腹之间具有明显的 1～2 节缢缩的腹柄结，分别为第 1 腹柄结和第 2 腹柄结。

蚂蚁分亚科检索表

柄结连接在后腹第1节前面的中部以下 ································· 6

6. 后足基节背面常具刺或齿状突 ··········· **刺猛蚁亚科 Ectatomminae**

后足基节背面不具刺或齿状突 ···································· 7

7. 后腹部 3～5 对气门被前一节背板遮盖；后胸侧板腺孔的前上方无
表皮突出物遮盖；第1腹节腹板退化缩小，侧面观不可见·········
··· **猛蚁亚科 Ponerinae**

后腹部 3～5 对气门暴露，不被前一节背板遮盖；后胸侧板腺孔下
悬，被前上方的表皮突出物遮盖；第1腹节腹板突出或膨大，侧面
观可见 ······························· **行军蚁亚科 Dorylinae**（部分）

8. 缺额叶，或额叶十分退化且垂直；头部正面观触角窝完全裸露，不
被额叶遮盖 ···························· **细蚁亚科 Leptanillinae**

额叶存在，平或略升高；头部正面观触角窝部分或全部被额叶遮盖
··· 9

9. 缺前-中胸背板缝，背面观极少见到痕迹；唇基后缘中部向后延至
两触角窝和额叶之间 ················· **切叶蚁亚科 Myrmicinae**

有前-中胸背板缝，背面观非常明显；唇基后缘中部不向后延至两
触角窝和额叶之间 ··············· **伪切叶蚁亚科 Pseudomyrmecinae**

一、钝猛蚁亚科 Amblyoponinae

工蚁单型。上颚较强壮。触角粗，棒状。除离猛蚁属 *Apomyrma* 和声猛蚁属 *Opamyrma* 触角窝裸露、腹柄和后腹部不宽连外，其余各属触角插入部被额叶覆盖，腹柄整后缘和后腹第 1 节前上方宽连；唇基前缘常具齿或刺。复眼较小，部分属、种的复眼退化。前-中胸背板缝完整。部分属、种有后胸沟。腹柄结 1 节，无明显的结前柄和后缘。

1　突叶点猛蚁 *Amblyopone eminia* Zhou, 2001

工蚁：体长 6.5 ~ 8.0 mm。体红棕色，附肢略浅。上颚细长，有两列齿。唇基前缘在额脊之间有 4 枚距离相似的细齿。复眼小，位于头侧后部（图 1）。

分布：广西、重庆。

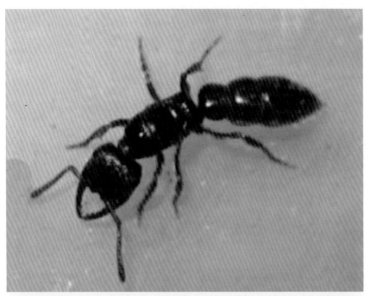

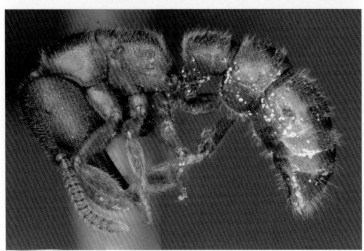

图 1　突叶点猛蚁 *Amblyopone eminia* 工蚁

（上图：杨宇摄；下图：标本照，陈志林摄）

2　卡氏迷猛蚁 *Mystrium camillae* Emery, 1889

工蚁：体长 4.0 ~ 5.0 mm。体黄棕色。头宽大于长，后部窄于

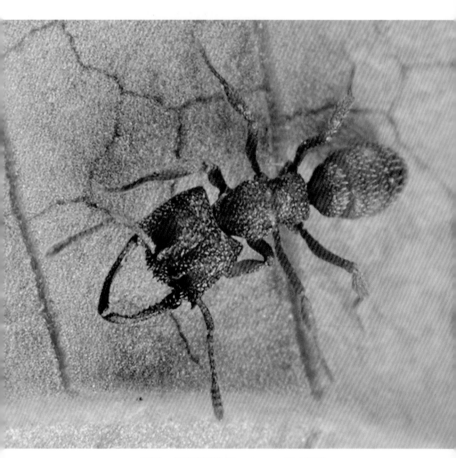

图 2　卡氏迷猛蚁 *Mystrium camillae* 工蚁

（左图：单子龙摄；右图：黄宝平摄）

前部，头后缘深凹，前侧角尖刺状。上颚细长，镰刀状，内缘有大小几乎相等的倒钩细齿（图2）。

分布：广东、海南、广西、云南、西藏；缅甸，印度尼西亚。

二、刺猛蚁亚科 Ectatomminae

工蚁单型。上颚较强壮。触角粗，棒状或末端 3 节形成触角棒。触角插入部被额叶覆盖。腹柄后缘和后腹第 1 节连接处凹陷。后胸腺开口不被表皮凸圆或褶皱遮盖。后侧叶明显。腹柄 1 节，无明显的结前柄。后腹部第 1 和第 2 节背板和腹板融合。侧面观，后腹第 2 节腹板缢缩；后腹第 3 ~ 5 节的气孔通常被前一背板的后缘覆盖。螫针突出。

3　双色曲颊猛蚁 *Gnamptogenys bicolor* (Emery, 1889)

工蚁：体长 4.5 ~ 6.5 mm。头和后腹部黑褐色至黑色，并腹胸、腹柄结、附肢、唇基和上颚红棕色。并腹胸弓形。腹柄结低，无明显的前后面，背面弧形，腹柄下突发达（图 3）。

分布：浙江、湖南、福建、广东、香港、广西、海南、云南、西藏。

图 3　双色曲颊猛蚁 *Gnamptogenys bicolor* 工蚁

（上图：杨宇摄；下图：黄宝平摄）

三、猛蚁亚科 Ponerinae

工蚁单型。上颚较强壮。额叶常遮盖住触角窝。腹柄结常无明显的前柄。后腹第1节和第2节之间常缢缩。3对足多有梳状距。

4　格拉夫钩猛蚁 *Anochetus graeffei* Mayr, 1870

工蚁：体长 4.2 ～ 4.5 mm。体棕色，腹柄结和足浅黄色。上颚端部有 3 齿，内缘不具齿。腹柄结直立、近圆柱状。头中部有纵条纹，近达头后部，头侧外缘和头后较光亮。前胸背板有弧形皱纹，中胸背板有横皱纹；并胸腹节背板皱纹不规则，斜面有横纹。腹柄结刻纹细微较光亮。后腹第 1 节背板基部有稀疏的粗刻点和短皱纹，其余部分光亮（图 4）。

分布：福建、广西、海南、云南；从印度经东南亚至澳大利亚有分布。

图 4　格拉夫钩猛蚁 *Anochetus graeffei* 工蚁

（单子龙摄）

5 里氏钩猛蚁 *Anochetus risii* Forel, 1900

工蚁：体长 6.5 ~ 6.8 mm。体红棕色，头部和附肢的颜色略浅。额脊间有略向侧面散发的细纵条纹，其余部分光亮。前胸背板光亮；中胸有纵向弯曲条纹；并胸腹节背面和斜面具不规则的横条纹。腹柄结下半部有横条纹（图5）。

分布：浙江、福建、台湾、广东、海南、香港、广西、云南；越南，印度尼西亚。

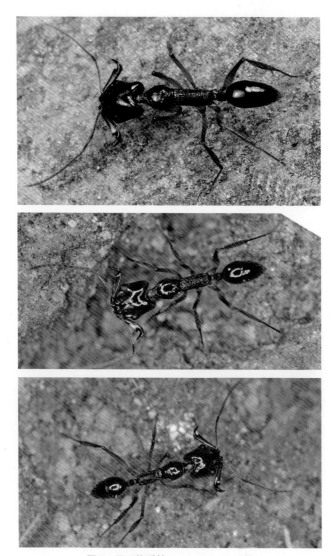

图5 里氏钩猛蚁 Anochetus risii 工蚁

（左图：单子龙摄；右上图：刘彦鸣摄；右中、下图：黄宝平摄；右中图的
蚂蚁上颚呈张开状）

6 小眼钩猛蚁 *Anochetus subcoecus* Forel, 1912

工蚁：体长 3.0 ~ 4.0 mm。体黄棕色。头部形状与里氏钩猛蚁相似。上颚端部具 3 齿，内缘不具齿。腹柄结薄。头部、前胸背板、中胸背板、腹柄结和后腹部光亮。并胸腹节背板有不规则的刻点和皱纹，斜面光亮（图 6）。

分布：广西、云南、西藏。

图6 小眼钩猛蚁 *Anochetus subcoecus* 工蚁

（杨宇摄）

7　费氏中盲猛蚁 *Centromyrmex feae* (Emery, 1889)

工蚁：体长 5.4 ~ 5.6 mm。体黄棕色。上颚长三角形，咀嚼缘有 1 排小齿。缺复眼。腹柄结上部近圆柱形。头部光亮，有稀疏的粗刻点（图 7）。

图 7　费氏中盲猛蚁 *Centromyrmex feae* 工蚁

（左图：单子龙摄；右图：黄宝平摄）

　　分布：台湾、广东、香港、广西、贵州、云南；缅甸，斯里兰卡，越南，菲律宾，爪哇岛。

8   聚纹双刺猛蚁 *Diacamma rugosum* (Le Guillou, 1842)

工蚁：体长 11.0 ~ 14.2 mm。体黑色。头部额脊之后有条纹，前胸背板侧面和背面有弧形相连的条纹，中胸侧板和并胸腹节的条纹斜向后上方。背面观前胸背板条纹横向，和侧面条纹相连。腹柄结有横向环纹。后腹部背面有弧形条纹（图 8）。

分布：湖南、福建、台湾、广东、海南、香港、广西、云南；日本，印度，缅甸，斯里兰卡，马来西亚，巴布亚新几内亚。

图 8　聚纹双刺猛蚁 *Diacamma rugosum* 工蚁

（左图：刘彦鸣摄；右上图：单子龙摄；右中图：黄宝平摄；右下图：赵俊军摄；左图为两只蚂蚁在争斗；右中图中的蚂蚁在搬运蛹）

9 猎镰猛蚁 *Harpegnathos venator* (F. Smith, 1858)

工蚁：体长 14.0 ~ 16.5 mm。体黑色，复眼灰白色。头长大于头宽。上颚镰状，长而上弯，咀嚼缘有 1 列细齿，腹缘近基端约 1/4 处有 1 个三角形片状突。复眼巨大而突出。腹柄结圆筒状，背面拱形。

头部、并腹胸侧板和腹柄结侧面有蜂窝状刻点和刻纹（图9）。

分布：福建、广东、海南、香港、澳门、广西；印度，菲律宾。

图9　猎镰猛蚁 *Harpegnathos venator* 工蚁

（左图：单子龙摄；右图：黄宝平摄；右图中的蚂蚁正在搬运它的幼虫）

10 横纹齿猛蚁 *Odontoponera transversa* (F. Smith, 1857)

工蚁：体长 8.0 ~ 12.0 mm。体黑色，上颚暗红色，附肢红棕色。头部有粗条纹，并腹胸侧面条纹斜向后上方；前胸背板、中胸背板和并腹胸节背板具横条纹（图 10）。

分布：云南、浙江、广东、广西、福建、海南、香港、台湾；新加坡，越南，缅甸，斯里兰卡，马来西亚，巴布亚新几内亚，印度，爪哇岛。

图 10 横纹齿猛蚁 *Odontoponera transversa* 工蚁

（右图：单子龙摄；左图：刘彦鸣摄；右图中的蚂蚁在搬运它的幼虫；

左图为两只蚂蚁在争斗）

11 缅甸细颚猛蚁 *Leptogenys birmana* Forel, 1900

工蚁：体长 7.0 ~ 8.0 mm。体深红褐色。头较宽。上颚端部有 4 枚齿，内缘有细齿。并胸腹节前后压缩，向后变宽，端面平截。后腹部基 2 节间有缢缩。足粗长。腹柄结前面凸，后面平，顶端窄圆。上颚和唇基有细条纹，全身光亮 (图 11)。

分布：云南、海南；缅甸，印度。

图 11　缅甸细颚猛蚁 *Leptogenys birmana* 工蚁
（杨宇摄）

12 勃固细颚猛蚁 *Leptogenys peuqueti* (Andrè, 1887)

工蚁：体长 6.7 ~ 6.8 mm。体黑色，在一定光线下可见蓝紫色光泽。头卵圆形。上颚狭长，端部弯而尖。腹柄结顶端钝圆。后腹部长卵形，基 2 节间缢缩。螫针发达。上颚有稀疏刻点；唇基和头部两额脊之间具细纵刻纹；头部复眼之前具细密刻点。并胸腹节侧面基部具少许纵刻纹，斜面具细横刻纹；体其余部分光亮。立毛色浅，稀疏，仅在后腹部末端较密。茸毛仅存在于触角和足跗节（图12）。

分布：浙江、广东、海南、广西；印度，孟加拉国，缅甸，斯里兰卡，越南，菲律宾，爪哇。

图 12   勃固细颚猛蚁 *Leptogenys peuqueti* 工蚁

（杨宇摄）

13 条纹细颚猛蚁 *Leptogenys diminuta* (F. Smith, 1857)

工蚁：体长 6.8 ~ 6.9 mm。体黑色。上颚和头部具细纵刻纹，头后部刻纹横形；前胸背板前缘有粗密横刻纹；中胸背板刻纹纵向且有皱纹，侧板纵刻纹细密；并胸腹节有皱纹，斜面有细横刻纹；并腹胸其余部分刻点和刻纹弱，略具光泽。腹柄结有不清晰的刻纹和稀疏粗刻点。后腹部光亮（图 13）。

分布：云南、广东、广西、海南、台湾；国外从印度经东南亚至澳大利亚有分布。

图 13　条纹细颚猛蚁 *Leptogenys diminuta* 工蚁

（杨宇摄）

14 锥头小眼猛蚁 *Myopias conicara* Xu, 1998

工蚁：体长 9.38 mm。体黑色。上颚较长，内缘端部 2/5 处有 1 枚大齿。腹柄近方形。头中部刻点粗且稀疏，并腹胸侧面具纵细皱纹。并腹胸、腹柄和后腹第 1 节背面具稀疏的粗刻点，前胸背板刻点间有指向后外侧的细条纹。后腹部第 2 节往后刻点逐渐稀疏至不明显。全体密布立毛（图 14）。

分布：云南。

图 14　锥头小眼猛蚁 *Myopias conicara* 工蚁
（单子龙摄）

15　蓬莱大齿猛蚁 *Odontomachus formosae* Forel, 1912

　　工蚁：体长 11.2 ～ 12.0 mm。体红棕色。头长大于宽。上颚端部有 3 枚长齿，第 3 枚齿端部平截。腹柄结圆锥状，顶端尖锐。上颚、头部额脊至复眼之间光亮，额脊至头后部有向后两侧发散的条纹。中胸侧板光亮，其余部分条纹连接两侧近垂直的条纹。并腹胸背面有横条纹。腹柄和后腹部光亮 (图 15)。

分布：吉林、北京、河南、陕西、甘肃、上海、浙江、湖北、湖南、云南、贵州、四川、广东、广西、福建、台湾、海南、香港；日本，印度，缅甸，越南，泰国，斯里兰卡，菲律宾，巴布亚新几内亚。

经对比模式标本照片，我国原记录的大齿猛蚁 Odontomachus *haematodus* (Linnaeus, 1758) 实为蓬莱大齿猛蚁 Odontomachus *formosae* Forel, 1912。

图 15 蓬莱大齿猛蚁 *Odontomachus formosae* 工蚁（左）和有翅雌蚁（右）（刘彦鸣摄）

16 山大齿猛蚁 *Odontomachus monticola* Emery, 1892

工蚁：体长 12.0 ～ 13.6 mm。体红棕色，足黄棕色。与蓬莱大齿猛蚁相似。主要区别是头部触角沟前光亮，其余部分有向后散发的细条纹，逐渐变弱，头后部光亮；前胸背板背面条纹明显比头部条纹粗，汇聚；并腹胸侧面条纹弯曲，背面有横条纹 (图 16)。

分布：云南、广西。

图 16　山大齿猛蚁 *Odontomachus monticola* 工蚁

（左图：杨宇摄；右上图：单子龙摄；右下图：赵俊军摄）

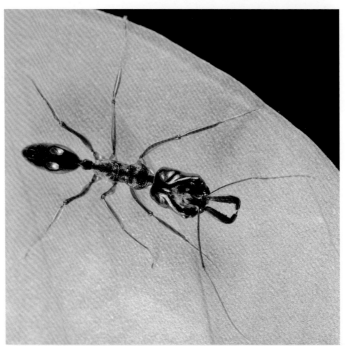

17 粒纹大齿猛蚁 *Odontomachus granatus* Wang, 1993

工蚁：体长 13.5 ~ 13.6 mm。体红棕色，足浅黄色。头长大于宽，上颚端部具 3 枚长齿，端部不平截，内缘具 1 列小齿。额脊至三角区条纹向两侧发散，头后部有横条纹。前胸背板有横条纹，略弧形弯曲，中胸和并胸腹节背板有横条纹，较前胸背板粗。腹柄和后腹光亮（图 17）。

分布：云南。

图 17　粒纹大齿猛蚁 *Odontomachus granatus* 工蚁

（左图：杨宇摄；右图：标本照，陈志林摄）

18 多毛真猛蚁 *Euponera pilosior* **(Wheeler, 1928)**

工蚁：体长 4.8 ～ 5.2 mm。体黑棕色，上颚和足红棕色。头近矩形，后头缘凹陷。上颚咀嚼缘具 8 ～ 10 枚齿。复眼仅由数个小眼组成。腹柄结上窄下宽，前缘平直，后缘凸，背面窄。头部有密集的蜂窝状刻点。并腹胸侧面和腹柄结侧面有刻点和皱纹（图 18）。

分布：湖北、湖南、云南、贵州、四川、广西、台湾；朝鲜半岛，日本。

图 18　多毛真猛蚁 *Euponera pilosior* 工蚁

（杨宇摄）

19　红足拟新猛蚁 *Pseudoneoponera rufipes* (Jerdon, 1851)

工蚁：体长 14.0 ~ 18.0 mm。体黑色。头长和宽近相等，上颚有钝齿。腹柄结高，后背角有 1 排细齿。头部有粗刻点和网纹，并腹胸背面和腹柄结背面有粗刻点和网纹，后腹第 1 节和第 2 节有粗浅刻点，背面有纵条纹 (图 19)。

分布：云南、贵州、西藏、广东、广西、福建、海南、香港、澳门；印度，孟加拉国，缅甸，越南，斯里兰卡。

图 19　红足拟新猛蚁 *Pseudoneoponera rufipes* 工蚁

（左图：单子龙摄；右图：赵俊军摄）

20 敏捷扁头猛蚁 *Ectomomyrmex astuta* (F. Smith, 1858)

工蚁：体长 16.0 ~ 17.2 mm。体黑色。上颚有 9 ~ 10 枚齿。复眼小。腹柄结前缘近直，后缘凸，背面和后面圆形过渡。头部和并腹胸侧面有纵条纹，前胸背板有略成汇聚的环纹，中胸背板和并胸腹节背板有纵皱纹；并腹胸斜面有横条纹，腹柄结前面和背面较光亮，后面有横条纹，后腹部较光亮（图 20）。

分布：北京、河北、山东、河南、陕西、甘肃、安徽、上海、江苏、云南、四川、贵州、浙江、湖北、江西、广东、广西、福建、海南、香港、澳门、台湾；印度，缅甸，马来西亚，印度尼西亚，澳大利亚。

图 20　敏捷扁头猛蚁 *Ectomomyrmex astuta* 工蚁

（左图：刘彦鸣摄；右上图：单子龙摄；右下图：赵俊军摄；左图中的蚂蚁猎杀了一只弓背蚁；右上图中的蚂蚁将另一只小蚂蚁咬断成两段）

21　安南扁头猛蚁 *Ectomomyrmex annamita* (Andrè, 1892)

工蚁：体长 4.9 ~ 6.2 mm。体黑色。头长大于宽。上颚有 7 枚齿。复眼小。腹柄结前缘直，后面凸。头部密布蜂窝状刻点，并腹胸前部有横皱纹，中后部有近蜂窝状刻点和网纹，中胸侧板和并胸腹节侧板有弯曲的纵条纹，并胸腹节背板有纵皱纹，斜面有横条纹，腹柄结背面有弧形条纹，前面和后面有横条纹。后腹部第 1 节有刻点和纵曲纹，第 2 节有浅刻点 (图 21)。

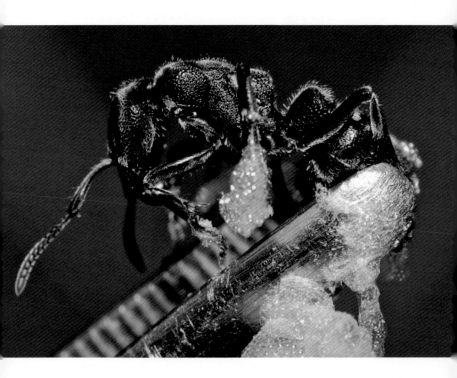

　　分布：江苏、云南、四川、浙江、湖北、广东、广西、福建；印度，缅甸，越南，泰国，菲律宾，马来西亚，澳大利亚。

图 21　安南扁头猛蚁 *Ectomomyrmex annamita* 工蚁

（左图：黄宝平摄；右图：杨宇摄；右图中的一只蚂蚁在保护着它的幼虫）

22 列氏扁头猛蚁 *Ectomomyrmex leeuwenhoeki* (Forel, 1886)

工蚁：体长 6.8 ~ 7.4 mm。体黑色。头长略大于宽，头后缘中央微凹。上颚有 7 枚齿。复眼小。腹柄结前缘和后缘直，有明显的

前背角和后背角。头部有近蜂窝状刻点和网纹，前胸背板有大小不一的凹坑，中胸和并胸腹节背板的凹坑向后逐渐变粗大，并腹胸侧面有不规则皱纹，并胸腹节斜面具稀疏横纹，腹柄结侧面有横皱纹，背面有粗浅不明显的凹坑，后腹第 1 节侧面有斜纵条纹（图 22）。

　　分布：云南、贵州、广东、广西、海南；印度，东南亚地区。

图 22　列氏扁头猛蚁 *Ectomomyrmex leeuwenhoeki* 工蚁
（杨宇摄）

23　黄足短猛蚁 *Brachyponera luteipes* (Mayr, 1862)

工蚁：体长 2.5 ~ 2.6 mm。体黑色至黑棕色。头长大于宽。上颚约有 9 枚齿。复眼中等大小。前胸背板和中胸背板向后降低，并胸腹节背面直。腹柄结上部窄于下部，前缘微凸，后缘直。头部有密集刻点，前胸背板刻点较浅，中胸侧板和并胸腹节光亮。后腹部较光亮（图 23）。

分布：北京、河北、山东、河南、陕西、江苏、上海、安徽、浙江、云南、贵州、四川、湖北、江西、湖南、广东、广西、福建、海南、

图 23　黄足短猛蚁 *Brachyponera luteipes* 工蚁

（左图：单子龙摄；右图：刘彦鸣摄）

香港、澳门、台湾；韩国，日本，印度，缅甸，越南，斯里兰卡，菲律宾，马来西亚，爪哇岛，苏门答腊岛，澳大利亚，尼科巴群岛，新西兰（人为传入）。

24 长柄小盲猛蚁 *Probolomyrmex longiscapus* Xu et Zeng, 2000

工蚁：体长 3.2 ~ 3.4 mm。体红棕色。头长明显大于宽，上颚长三角形，咀嚼缘端齿后具细齿。额脊直，相互靠近且平行。触角窝完全裸露。并腹胸背面近平直，前 – 中胸背板缝和中 – 并胸腹节缝消失。并胸腹节后背角齿状。并胸腹节侧叶圆形。腹柄结长，前面和背面弧形，后背角锐角状。头、并腹胸和后腹具细微、稀疏的刻点，腹柄结刻点略粗 (图 24)。

分布：云南、海南。

图 24　长柄小盲猛蚁 *Probolomyrmex longiscapus* 工蚁
（单子龙摄）

四、卷尾猛蚁亚科 Proceratiinae

　　工蚁单型。上颚小，三角形。触角棒显著。额叶较退化，仅部

分遮盖触角窝。多数种类唇基和额前部向前突出，完全遮盖上颚。背板缝消失，并腹胸背面完全愈合。后腹第 2 节背板强烈弯曲，其余各节指向前方。

25 赵氏卷尾猛蚁 *Proceratium zhaoi* Xu, 2000

工蚁：体长 2.0 ~ 2.5 mm。体黄棕色。头长大于宽。上颚 4 枚齿。唇基前缘中部呈尖三角形突出。复眼仅有一个小眼。后腹部第 2 节背板强烈弯曲，其后各节指向前方。腹柄结厚，后倾。腹柄下突发达。后腹第 1 节明显短于第 2 节，两节之间具明显的缢痕。头、并腹胸、腹柄和腹部具密集细刻点（图 25）。

分布：云南。

图 25　赵氏卷尾猛蚁 *Proceratium zhaoi* 工蚁

（杨宇摄）

26 长腹卷尾猛蚁 *Proceratium longigaster* Karavaiev , 1935

工蚁：体长 2.4 ~ 2.5 mm。体黄色。与赵氏卷尾猛蚁的区别是唇基前缘中部近平直；上颚有 7 枚钝齿；并胸腹节背面和斜面之间有 1 枚齿；头具粗糙的皱纹（图 26）。

分布：云南。

图26　长腹卷尾猛蚁 *Proceratium longigaster* 雌蚁
（刘彦鸣摄）

27 **黑色埃猛蚁 *Emeryopone melaina* Xu, 1998**

工蚁：体长 4.9 ~ 5.1 mm。体黑色。头长大于宽。上颚有 5 枚尖长细齿，端齿最长。复眼小。腹柄结厚，腹柄下突前部具一个半透明的孔。后腹部中后部略向前弯曲。头和后腹有密集的刻点，并腹胸和腹柄结背面有细刻点；并腹胸侧面有粗刻点和细皱纹 (图 27)。

分布：云南。

图 27 黑色埃猛蚁 *Emeryopone melaina* 工蚁

（杨宇摄）

五、粗角猛蚁亚科 Cerapachyinae

　　工蚁头矩形。上颚宽三角形。唇基狭窄。触角窝大部分裸露或完全裸露。触角粗短。复眼存在或缺。前－中胸背板缝常消失，腹柄结1节，与并腹胸等宽。后腹部长，基2节间缢缩明显。臀板侧缘和后缘具1列刺或齿。螯针常伸出。

28 **槽结粗角猛蚁** *Cerapachys sulcinodis* **Emery, 1889**

工蚁：体长 6.1 ~ 7.1 mm。体黑色。头矩形，后缘微凹。上颚不具齿。复眼小。并腹胸较粗短。腹柄结前面平直，后面和背面圆凸。后腹部细长，基 2 节间有缢缩；臀板中部下凹，边缘有 20 多枚褐色齿。有螫针。头和并腹胸光亮，腹柄结刻点较密，背面有纵刻纹，后腹部光亮 (图 28)。

分布：西藏、四川、贵州、广西、香港；东南亚地区。

图 28　槽结粗角猛蚁 *Cerapachys sulcinodis* 工蚁
（左图：刘彦鸣摄；右图：杨宇摄；左图中的蚂蚁正在撕咬一条蜈蚣）

29 棱纹克雷蚁 *Chrysapace costatus* (Bharti et Wachkoo, 2013)

工蚁：6.0 ~ 7.0 mm。体黑色。与槽结粗角猛蚁的区别是头、并腹胸、腹柄结和后腹部第 1 节均有粗深的沟槽 (图 29)。

分布：广西、云南；印度。

图 29　棱纹克雷蚁 *Chrysapace costatus*
工蚁（杨宇摄）

六、行军蚁亚科 Dorylinae

工蚁缺复眼。额脊不遮盖触角窝。唇基窄。触角 7 ~ 12 节。前 - 中胸背板缝存在，但二者愈合；中胸气门明显；并胸腹节气门位于后侧角下方。腹柄结粗，较长，有短的结前柄。有腹柄下突。后腹部长圆柱状；基 2 节间不缢缩。臀板大，后部平或背面略凹陷，两侧具 1 对刺突。螯针退化。

30　东方食植行军蚁 *Dorylus orientalis* Westwood, 1835

大型工蚁：体长 4.8 ~ 5.7 mm。体红褐色。头矩形，后缘略凹陷。上颚有 3 枚粗齿。触角 9 节，柄节不到达头中部。缺复眼。并腹胸背面平，背板缝消失。中、后足胫节有栉状距。腹柄结背面圆。后腹部长柱状（图 30）。

小型工蚁：体长 2.8 ~ 3.4 mm。体黄褐色。

分布：中国南方各省区；斯里兰卡，印度，缅甸。

图 30　东方食植行军蚁 *Dorylus orientalis* 工蚁

（左图：杨宇摄；右图：杨宇摄；右图为蚁群）

七、双节行军蚁亚科 Aenictinae

　　工蚁唇基窄，额脊相互接近或愈合。触角窝裸露，触角 8 ～ 10 节，缺复眼和单眼。前 – 中胸背板缝消失；中 – 并胸腹节缝宽凹。腹柄结 2 节，第 1 腹柄结下方有薄片状下突；第 2 腹柄结气门位于背板中部以后。后腹部第 1 节基部缩小，远长于其余各节；臀板小，无刺突。

31　锡兰双节行军蚁 *Aenictus ceylonicus* (Mayr, 1866)

工蚁：体长 2.7 ~ 3.2 mm。体褐红色。头长和宽近相等。上颚狭长，有 1 枚端齿和 1 枚亚端齿，两上颚闭合后与唇基前缘之间有较大的空隙。头部有细密网状刻点，仍较光亮；前胸背板前缘和腹柄结有较粗的网状刻点，中胸侧板和并胸腹节有纵刻纹；后腹部刻点细密，较光亮（图 31）。

分布：安徽、湖南、云南、贵州、广西、福建、海南、台湾；印度，斯里兰卡，菲律宾，越南，巴布亚新几内亚，新西兰，澳大利亚。

图 31　锡兰双节行军蚁 *Aenictus ceylonicus* 工蚁
（刘彦鸣摄；图中的蚂蚁在搬运已经羽化的幼蚁）

32　光柄双节行军蚁 Aenictus laeviceps F. Smith, 1857

工蚁：体长 3.5 ~ 4.2 mm。体黄褐色至红褐色，头两侧具浅黄色大侧斑。头卵圆形。上颚有 6 枚齿，闭合后与唇基前缘无缝隙。头、前胸背板和后腹部光亮；中胸和并胸腹节有细纵刻纹，腹柄结刻点弱，较光亮（图 32）。

分布：安徽、湖北、湖南、江西、云南、四川、浙江、广西、海南；印度，菲律宾，泰国，印度尼西亚。

图 32　光柄双节行军蚁 *Aenictus laeviceps* 工蚁

（刘彦鸣摄；左图中的蚂蚁在肢解一只比它们身体大得多的猎物蚂蚁；右图中的蚂蚁在觅食）

八、伪切叶蚁亚科 Pseudomyrmecinae

工蚁单型，头形状多样。上颚咀嚼缘具 3 ~ 6 枚齿。唇基前缘通常有齿突。触角柄节短，不超过后头缘。复眼大。单眼存在或缺。中 – 并胸腹节缝处常明显凹陷。腹柄结 2 节。后腹部梭形。螫针发达。

33　榕细长蚁 *Tetraponera microcarpa* Wu et Wang, 1990

工蚁：体长 3.2 ~ 3.6 mm。体暗红褐色至黑色。上颚、触角、腹柄结和足黄色至黄褐色。头长大于宽。上颚有 3 枚齿。唇基两侧有粗齿状突。复眼大，椭圆形。并胸腹节侧扁。体光亮。上颚、唇基、头前端及并腹胸侧面可见细纵刻纹（图 33）。

分布：江西、广东、广西。

图 33　榕细长蚁 *Tetraponera microcarpa* 工蚁

（刘彦鸣摄）

34　飘细长蚁 *Tetraponera allaborans* (Walker, 1859)

　　工蚁：体长 5.0 ~ 6.3 mm。体黑色。头长大于宽。上颚有 3 枚齿，有时可见 4 枚齿。唇基前缘有两个圆角。头、并腹胸、两腹柄结及后腹部光亮（图 34）。

　　分布：广西、福建、海南、台湾；印度，缅甸，斯里兰卡。

图 34　飘细长蚁 *Tetraponera allaborans* 工蚁（右）和雌蚁（左）

（右图：杨宇摄；左图：刘彦鸣摄）

35 红黑细长蚁 *Tetraponera rufonigra* (Jerdon, 1851)

工蚁：体长 10.5 ~ 13.0 mm。头和后腹部黑色，上颚、触角、并腹胸和两腹柄结橘黄色至橘红色。头长略大于宽，上颚有 5 ~ 6 枚齿。触角粗短，柄节到达复眼中部。复眼较大，有单眼。其余特征同其他细长蚁（图 35）。

分布：云南、广西、海南；巴基斯坦，苏门答腊岛，爪哇岛，塞舌尔（人为传入）。

图 35　红黑细长蚁 *Tetraponera rufonigra* 工蚁

（单子龙摄）

36　平静细长蚁 *Tetraponera modesta* (F. Smith, 1860)

工蚁：体长 4.0 ~ 4.5 mm。小型种。体浅黄色至橘黄色。体表光亮，有分散的细刻点和不规则的细条纹。中胸侧板和并胸腹节侧面有细弱纵条纹（图 36）。

分布：广东、广西、福建、海南；澳大利亚。

图36　平静细长蚁 *Tetraponera modesta* 工蚁
（刘彦鸣摄）

九、切叶蚁亚科 Myrmicinae

工蚁单型性、二型性或多型性。额脊分开，侧向扩展成额叶，常部分遮盖触角插入部。唇基后缘常向后延伸至额脊之间。触角端部通常膨大成触角棒。前 – 中胸背板常形成一个整体，背板缝不凹陷、浅而不明显或完全消失；并胸腹节多有突出的齿或刺。腹柄结 2 节。螯针发达。

37 粒沟切叶蚁 *Cataulacus granulatus* (Latreille, 1802)

雌蚁：体长 6.0 ~ 6.5 mm。体黑色。头宽三角形。上颚发达，沿咀嚼缘有一光亮的亚端线。触角短折叠于触角沟内。复眼大。前胸背板宽，中胸背板后部变窄，并胸腹节基面横形，末端有 1 对刺，足粗短。腹柄结前面平截。头和并腹胸有粗皱纹和小颗粒，密布粗糙纵长刻纹，边缘有多数尖齿突。中胸背板刻纹横形。腹柄结有粗糙颗粒和皱纹。后腹部有细密的纵长刻纹（图 37）。

分布：云南、湖南、广西、海南；印度，东洋区，澳大利亚。

图 37　粒沟切叶蚁 *Cataulacus granulatus* 有翅雌蚁

（刘彦鸣摄）

38   比罗举腹蚁 *Crematogaster biroi* Mayr, 1897

工蚁：体长 2.7 ~ 2.9 mm。体黄色、黄红色至红褐色。头长大于宽，上颚有 4 枚尖齿。触角端部 2 节形成触角棒。并胸腹节刺短，齿状。第 1 腹柄结背面平，近方形，第 2 腹柄结凸圆，中央无纵沟。后腹部较粗大。体光亮 (图 38)。

分布：云南、广东、广西、台湾；东南亚地区。

图 38　比罗举腹蚁 *Crematogaster biroi* 工蚁（小）和蚁后（大）（杨宇摄）

39 黑褐举腹蚁 *Crematogaster rogenhoferi* Mayr, 1879

工蚁：体长 3.5 ~ 4.8 mm。体黄褐色至红褐色。后腹部后半部褐色至黑褐色。头宽稍大于长。触角端部 3 节形成触角棒。并胸腹节刺粗长而尖。第 1 腹柄结背面平, 第 2 腹柄结背面中央具明显纵沟。头部及并腹胸有细密纵刻纹和细小稀疏刻点；两腹柄结和后腹部有稀疏细刻点 (图 39)。

分布：江苏、安徽、云南、浙江、江西、湖南、广东、广西、福建、海南；东南亚地区。

图 39　黑褐举腹蚁 *Crematogaster rogenhoferi* 工蚁
（刘彦鸣摄）

40 粗纹举腹蚁 *Crematogaster artifex* Mayr, 1879

工蚁：体长 3.9 ~ 5.0 mm。体暗红褐色至黑褐色，后腹部颜色较深。与黑褐举腹蚁的区别是头和并腹胸有粗糙刻点，头前部刻点间有细纵刻纹。头顶和前胸背板前部有网状刻纹。腹柄结和后腹部有细密刻点（图40）。

分布：云南、广东、广西、海南、澳门；泰国。

图40　粗纹举腹蚁 *Crematogaster artifex* 工蚁

（左图：刘彦鸣摄；右图：单子龙摄；左图中的蚂蚁正咬着一只猎镰猛蚁
的上颚不放）

41 立毛举腹蚁 *Crematogaster ferrarii* Emery, 1887

工蚁：体长 3.0 ~ 3.9 mm。与黑褐举腹蚁和粗纹举腹蚁的区别是体较小，体光亮，刻纹细弱 (图 41)。

分布：云南、湖南、广东、广西；东南亚地区。

图41　立毛举腹蚁 *Crematogaster ferrarii* 工蚁

（刘彦鸣摄，两只蚂蚁守候着一只介壳虫，等它分泌蜜露）

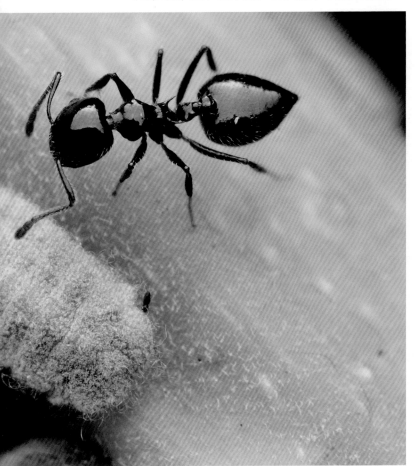

42 玛氏举腹蚁 *Crematogaster matsumurai* Forel, 1901

工蚁：体长 2.5～3.5 mm。体红褐色至深红色，后腹部后半部暗褐色。头部大部分光亮，有少许刻点。并腹胸背板有网状刻纹，腹柄结和后腹部光亮。并胸腹节刺齿状。第 2 腹柄结中央纵沟浅，不太明显（图 42）。

分布：山东、河北、陕西、安徽、湖北、湖南、台湾、云南；朝鲜，韩国，日本。

图 42 玛氏举腹蚁 *Crematogaster matsumurai* 工蚁（小）和蚁后（大）（杨宇摄）

43 米拉德举腹蚁 *Crematogaster millardi* Forel, 1902

工蚁：体长 1.9 ~ 2.0 mm。体红褐色，后腹部后半部各节端部有褐色带。与比罗举腹蚁的区别是第 2 腹柄结中央有纵沟。与其他第 2 腹柄结中央有纵沟的种类的区别是触角端 2 节形成触角棒（图 43）。

分布：云南；缅甸。

图43　米拉德举腹蚁 *Crematogaster millardi* 工蚁
（杨宇摄）

44　刘氏瘤颚蚁 *Strumigenys lewisi* Cameron, 1886

　　工蚁：体长 2.6 ~ 3.0 mm。体黄褐色。头前窄后宽。上颚长，亚端齿长刺状，端齿 2 枚，中间有 2 小齿。触角 6 节。复眼较小。并腹胸比头短，背板缝不明显。并胸腹节刺有片状的海绵状附属物。第 1 腹柄结凸，第 2 腹柄结宽，海绵状附属物发达。头、触角柄节、足和第 1 腹柄结有网状刻纹，中胸侧板和并腹腹节侧面大部分光亮，第 2 腹柄结背面和后腹部光亮。头部背面和触角柄节前缘有短窄的

图 44　刘氏瘤颚蚁 *Strumigenys lewisi* 工蚁

（左图：刘彦鸣摄；右图：杨宇摄）

匙状毛，后头缘有 1 列长鞭毛，并腹胸、腹柄结和后腹部具丰富长鞭毛（图 44）。

　　分布：山东、上海、浙江、云南、贵州、湖南、广西、台湾；日本，缅甸。

45 杨氏瘤颚蚁 *Strumigenys yangi* (Xu et Zhou, 2004)

工蚁：体长 1.8~2.0 mm。体黄色，海绵状附属物浅黄色。头长大于宽，头后缘宽凹。上颚有约 10 枚细齿。触角 6 节，柄节前缘的匙状毛向端部弯曲。端 2 节形成触角棒。复眼小，仅有 1 个小眼。第 1 腹柄结腹面、第 2 腹柄结侧面和后面有大块海绵状附属物。头部有粗密刻点，并腹胸背面刻点细，较光亮。第 2 腹柄结和后腹部光亮。触角前缘有 1 排弯曲的匙状毛（图 45）。

分布：云南。

图 45　杨氏瘤颚蚁 *Strumigenys yangi*
工蚁
（黄宝平摄）

46 多氏瘤颚蚁 *Strumigenys dohertyi* Emery, 1897

工蚁：体长 2.0 ~ 3.0 mm。与杨氏瘤颚蚁的区别是体较大，黄褐色，复眼大，由多个小眼组成（图46）。

分布：广西；不丹，缅甸，泰国，马来西亚，菲律宾，印度尼西亚。

图 46　多氏瘤颚蚁 *Strumigenys dohertyi* 工蚁
（右上图：单子龙摄；左下图：黄宝平摄；左
　　下图为掀开蚂蚁巢穴后看到的蚁群）

47　威氏叉唇蚁 *Calyptomyrmex wittmeri* Baroni Urbani, 1975

工蚁：体长 2.5 ~ 2.7 mm。体黄褐色。头后部宽于前部。唇基前缘中央深凹，两侧突出呈叉形。上颚有 6 枚齿。触角窝深凹，位于复眼之上。并腹胸背面凸。并胸腹节刺粗短，端部钝。后腹部卵圆形。头、触角柄节、并腹胸、足、腹柄结和后腹部有粗密网状刻点，头部背面刻点间有细纵刻纹 (图 47)。

分布：广东、广西；不丹。

图 47 威氏叉唇蚁 *Calyptomyrmex wittmeri* 工蚁

（黄宝平摄）

48 红火蚁 *Solenopsis invicta* Buren, 1972

工蚁：体长 2.0 ~ 5.0 mm。体红褐色，后腹部具深褐色，足颜色稍浅。工蚁多型，由小型到大型形成系列。上颚有 4 枚明显的粗齿。唇基中部纵向凹陷，两侧有锐脊伸出唇基前缘形成齿状，中型工蚁在两齿突中央还有 1 枚小齿。复眼较大，有多个小眼面。第 1 腹柄结窄而高，第 2 腹柄结横椭圆形（图 48）。

分布：湖南、广东、广西、海南、香港、澳门、台湾；巴西，美国，澳大利亚，新西兰。

图48 红火蚁 *Solenopsis invicta* 工蚁（无翅）和雌蚁（有翅）（刘彦鸣摄）

49 知本火蚁 *Solenopsis tipuna* Forel, 1912

工蚁：体长 2.4 ~ 3.0 mm。与红火蚁的区别是体形小；体黄色至暗黄色；复眼小，仅有 2 ~ 4 个小眼面（图 49）。

分布：贵州、广东、广西、海南、台湾；日本。

图 49　知本火蚁 *Solenopsis tipuna*
工蚁、蚁后和幼虫
（杨宇摄，图中较小的为工蚁，较大
的为蚁后，白色的为幼虫）

50　棘棱结蚁 *Gauromyrmex acanthinus* (Karavaiev, 1935)

工蚁：体长 2.2 ~ 2.3 mm。体红褐色、暗红褐色至黑褐色。足黄褐色，头和后腹部黑褐色。头长大于宽。头、并腹胸和两腹柄结有密集刻点；腹柄结背面和后腹部光亮（图 50 ）。

分布：山东、安徽、浙江、湖南、四川、云南；印度。

图 50　棘棱结蚁 *Gauromyrmex acanthinus* 工蚁和幼虫（刘彦鸣摄）

51 全异巨首蚁 *Pheidologeton diversus* (Jerdon, 1851)

大型兵蚁：体长 15.0 ~ 16.0mm。体深栗褐色。并胸腹节刺粗壮。头部有纵刻纹，头顶有一片光亮区。并腹胸侧面和腹柄结后面刻纹

纵向，前胸背板前部、并胸腹节斜面和腹柄结背缘刻纹横向，腹柄结刻纹间有密集细刻点，后腹部刻点细弱，较光亮。

中、小型兵蚁：体长 4.2 ~ 10.8 mm。体形大小呈梯度变化。头比渐次趋小，无中单眼，头后缘凹陷逐渐趋浅，中胸小盾片趋平，第 1 腹柄结背缘凹陷不明显。体表刻纹间刻点明显密集，第 2 腹柄结背面逐渐趋圆形。

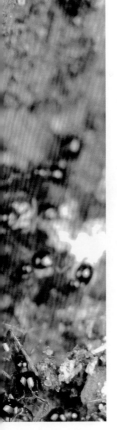

工蚁：体长 2.3 ~ 3.5 mm。体栗褐色至深栗褐色，头部颜色通常较体深。后头缘不凹陷，上颚齿尖。触角柄节略超过后头缘。并胸腹节刺长。体大部光亮，中胸侧板和并胸腹节有细密刻点（图 51）。

分布：广东、广西、福建、海南、香港、澳门；印度，缅甸，斯里兰卡，印度尼西亚，马来西亚。

图 51　全异巨首蚁 *Pheidologeton diversus*
工蚁、兵蚁和幼虫
（刘彦鸣摄，图中较小的为工蚁，较大的为
兵蚁，白色的为幼虫）

52 近缘巨首蚁 *Pheidologeton affinis* (Jerdon, 1851)

大、中、小型兵蚁：体长 4.5 ~ 8.6 mm。兵蚁与全异巨首蚁十分相似。与同型个体相比，本种体色较浅，为栗红色；刻纹较细弱，体较光亮；小盾片较低；第 1 腹柄结背面较窄，不具凹缘；腹柄下突较低而平。

工蚁：体长 2.0 ~ 2.5 mm。特征也与全异巨首蚁相似。但体较小；体色明显较浅，为浅褐黄色（图 52）。

分布：广东、广西、香港、台湾；印度，缅甸，印度尼西亚，马来西亚，澳大利亚。

图52　近缘巨首蚁 *Pheidologeton affinis*
工蚁和兵蚁

（左下图：黄宝平摄；右上图：刘彦鸣摄；
图中较小的为工蚁，较大的为兵蚁）

53　红巨首蚁 *Pheidologeton vespillo* Wheeler, 1921

　　大、中、小型兵蚁：体长 2.3 ～ 5.8 mm。体橙红色。头后部中央纵沟内有一条粗黑线。并胸腹节刺侧扁，端部向背上方弯曲。体光亮。头部额脊之间、头侧前端、唇基侧缘及触角窝有细纵刻纹；头顶有细弱横刻纹；前胸背板有不规则的短纵刻纹，侧面光亮，中

胸背板有稀疏细小刻点，较光亮；中胸侧板及并胸腹节具密集细纵刻纹。

工蚁：体长 1.8 ~ 2.2 mm。头较小，长甚大于宽。触角较长，柄节接近后头角。上颚更细长，齿尖锐。前 – 中胸背板凸面较兵蚁低；并胸腹节刺更细小（图 53）。

分布：山东、重庆、浙江、湖北、江西、湖南、广东、广西。

图53 红巨首蚁 *Pheidologeton vespillo*
工蚁和兵蚁
（刘彦鸣摄，图中较小的为工蚁，较大的为兵蚁）

54　褐色脊红蚁 *Myrmicaria brunnea* Saunders, 1841

　　工蚁：体长 5.0 ~ 5.4 mm。体亮褐黄色，后腹部颜色稍深。前胸背板宽，前下侧角突出。并胸腹节有棱边，基面与斜面近等长。头、并腹胸及两腹柄结有纵刻纹，头后部和前胸背板有网状刻纹（图 54）。

　　分布：云南、广西；东南亚地区。

图 54　褐色脊红蚁 *Myrmicaria brunnea* 工蚁

（左图：杨宇摄；右图：刘彦鸣摄；左图中的蚂蚁在搬运一只刚羽化的幼蚁；右图中
的两只蚂蚁在进行信息交流）

55 二色盾胸蚁 *Meranoplus bicolor* (Guérin–Méneville, 1844)

工蚁：体长 3.4 ~ 4.2 mm。体褐黄色至锈红色，后腹部黑色。前 - 中胸背板盾状，前侧角突出呈齿状，后侧角延长呈长刺状，覆于并胸腹节之上。并胸腹节刺尖，短于前 - 中胸背板后侧角刺。头、前 - 中胸背板有稀疏纵刻纹，刻纹间有刻点，并胸腹节斜面及第 1 腹柄结较光亮，第 2 腹柄结有粗刻点，后腹部第 1 节背板有网状细刻纹（图 55）。

分布：广东、广西、海南；东南亚地区。

图55 二色盾胸蚁 *Meranoplus bicolor* 工蚁

（单子龙摄）

56 光滑盾胸蚁 *Meranoplus laeviventris* Emery, 1889

工蚁：体长 3.3 ~ 3.7 mm。与二色盾胸蚁的区别是体较小，中胸背板后侧角有短齿，而不成长刺（图 56）。

分布：云南、西藏；缅甸。

图 56　光滑盾胸蚁 *Meranoplus laeviventris* 工蚁
（杨宇摄）

57 茸毛铺道蚁 *Tetramorium lanuginosum* Mayr, 1870

工蚁：体长 2.3 ~ 2.8 mm。头、并腹胸及两结节橙黄色，后腹部红褐色。头长大于宽，后头缘浅宽凹。触角沟明显。并腹胸宽短，并胸腹节刺长三角形，微上翘，长于后侧叶。后侧叶尖，上翘。唇基有数条纵脊。头、并腹胸和第 1 腹柄结背面有粗密网状刻纹，第 2 腹柄结背面刻纹较弱，后腹部光亮。体被浓密的简单毛和二裂毛，偶有数根三裂毛（图 57 ）。

分布：四川、湖南、广东、广西、福建；日本，东南亚地区。

图57 茸毛铺道蚁 *Tetramorium lanuginosum* 工蚁
（单子龙摄，蚂蚁在搬运幼虫）

58　铺道蚁 *Tetramorium caespitum* (Linnaeus, 1758)

工蚁：体长 2.6 ~ 2.8 mm。体褐色至黑褐色。头矩形，后头缘平直或略凹。触角沟宽浅。并胸腹节刺短。后侧叶短小，近三角形。

第 1 腹柄结前后缘呈缓坡形，上部稍窄；第 2 腹柄结背面圆，较低。头部密集纵长刻纹，并腹胸背面刻纹网状，侧面有密集刻点，前胸背板侧面有点条纹。两腹柄结有密集刻点，背面中央和后腹部光亮。立毛中等丰富（图 58）。

分布：中国各省区；日本，韩国，朝鲜，欧洲，北美。

图 58　铺道蚁 *Tetramorium caespitum* 工蚁

（杨宇摄）

59 太平洋铺道蚁 *Tetramorium pacificum* Mayr, 1870

工蚁：体长 3.7 ~ 4.6 mm。体黑褐色至黑色。唇基前缘中央有凹陷，中部有 3 条明显的纵脊，额脊延伸到复眼之后。并胸腹节刺长而尖，上弯。头、并腹胸和两腹柄结有网状刻纹，后腹部基部有细纵纹（图 59）。

分布：云南、台湾；东洋区，澳洲区，太平洋诸群岛，美国。

图 59　太平洋铺道蚁 *Tetramorium pacificum* 工蚁
（杨宇摄）

60 双隆骨铺道蚁 *Tetramorium bicarinatum* (Nylander, 1846)

工蚁：体长 3.0 ~ 3.9 mm。头、并腹胸及两腹柄结褐黄色至黄褐色；后腹部黄褐色至黑褐色。唇基前缘中央有明显缺刻，中部有 3 条纵脊。并胸腹节刺粗，端部尖。后侧叶三角形，刺端尖，上弯。

头部有不规则纵长刻纹，复眼之后刻纹网状。并腹胸及两腹柄结背面有网状刻纹；腹柄结侧面有刻点。后腹部第 1 节基部具短纵纹，其余部分光亮（图 60）。

分布：云南、四川、湖南、广西、福建、海南、台湾；除非洲大陆以外的世界各动物地理区。

图 60　双隆骨铺道蚁
Tetramorium bicarinatum
工蚁（小）和蚁后（大）
（杨宇摄）

61　克氏铺道蚁 *Tetramorium kraepelini* Forel, 1905

工蚁：体长 2.1 ~ 2.5 mm。体黄褐色，后腹部颜色稍暗或与并腹胸同色。并胸腹节刺长于后侧叶，末端尖且上弯。后侧叶三角形，末端尖。头前部有纵刻纹，复眼之后刻纹网状。并腹胸背面有网状刻纹（图 61）。

分布：安徽、西藏、四川、湖北、江西、湖南、广西、福建；日本，菲律宾，印度尼西亚。

图 61　克氏铺道蚁 *Tetramorium kraepelini* 工蚁

（左图为工蚁：杨宇摄；右图：刘彦鸣摄）

62 双针棱胸蚁 *Pristomyrmex pungens* Mayr, 1886

工蚁：体长 2.5 ~ 3.0 mm。体褐红色至黄褐色，后腹部黑褐色。上颚咀嚼缘端 2 枚齿明显，基 3 枚齿弱。并胸腹节刺长。第 1 腹柄

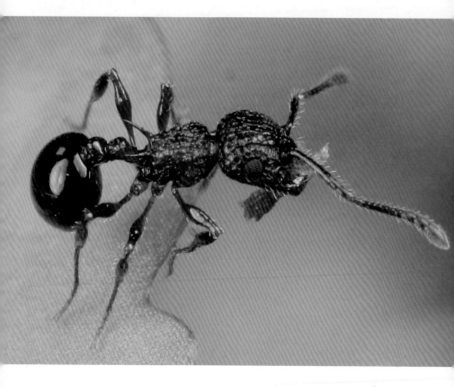

结钝圆，第2腹柄结略高。后腹部近球形。头和并腹胸有粗糙网状刻纹，间面光亮；触角沟内有横刻纹。腹柄结有粗纵刻纹。后腹部光亮（图62）。

分布：辽宁、山东、上海、江苏、江西、浙江、安徽、湖北、西藏、云南、四川、湖南、广东、广西、海南；日本，菲律宾，马来西亚。

图62　双针棱胸蚁 *Pristomyrmex pungens* 工蚁
（左图：单子龙摄；右图：刘彦鸣摄；右图中--群蚂蚁在保护蚜虫）

63　短刺棱胸蚁 *Pristomyrmex brevispinosus* Emery, 1887

　　工蚁：体长 3.0 ~ 4.3 mm。体红褐色至黑褐色，后腹部颜色较浅。上颚有 2 枚粗齿和 2 枚细齿。唇基前缘有 1 枚中齿，两侧各有 2 ~ 3 枚小齿。额脊发达，到达复眼后缘。触角窝外露。触角柄节略超过后头缘。复眼较大。前胸背板有 1 对齿状突，并胸腹节有 1 对三角形短刺（图 63）。

　　分布：云南、广东；日本，缅甸，印度尼西亚。

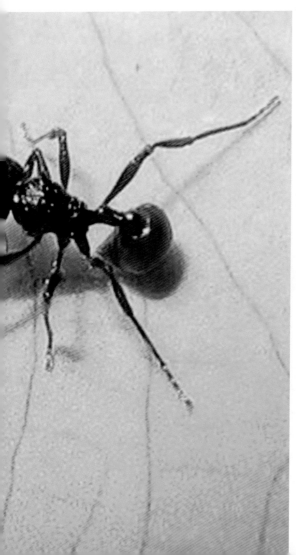

图 63　短刺棱胸蚁
Pristomyrmex brevispinosus
工蚁
（杨宇摄，图中两只蚂蚁协力搬运一只幼虫）

64 光腿刺切叶蚁 *Acanthomyrmexg labfemoralis* **Zhou et Zheng, 1997**

大型工蚁：体长 5.5 ~ 6.0 mm。体红褐色，上颚、并腹胸和后腹部末端颜色更深。并胸腹节刺长。头部大部分光亮，仅有少许浅刻点。

小型工蚁：体长 3.8 ~ 4.3 mm。体黄褐色至红褐色。前胸背板肩角有长刺，并胸腹节刺粗长。头和并腹胸背面有孔状粗凹刻，触角沟凹刻细弱，并腹胸侧面有不规则皱纹，后腹部光亮（图 64）。

分布：云南、广西。

图 64 光腿刺切叶蚁 *Acanthomyrmexg labfemoralis* 大型工蚁和小型工蚁

（杨宇摄）

65　光亮角腹蚁 *Recurvidris glabriceps* Zhou, 2000

工蚁：体长 1.8 ~ 2.0 mm。体褐黄色，头和后腹部颜色略深。并胸腹节刺长，向前上方弯曲。第 1 腹柄结侧面观三角形，顶端尖，腹柄下突尖齿状。第 2 腹柄结扁平，宽于第 1 腹柄结，前端与第 1 腹柄结紧密连接，后端与后腹部连接面宽。后腹部三角形，腹面呈角形。体光亮（图 65）。

分布：云南、湖南、广西。

图 65　光亮角腹蚁 *Recurvidris glabriceps* 工蚁
（刘彦鸣摄）

66 法老小家蚁 *Monomorium pharaonis* (Linnaeus, 1758)

　　工蚁：体长 2.0 ~ 2.4 mm。上颚及唇基有红色边缘，后腹部末端颜色较暗。头长大于宽。唇基前缘中央凹陷。触角柄节超过后头缘。复眼小而平。前 – 中胸背板凸，中 – 并胸腹节缝深凹。第 1 腹柄结三角形，高于第 2 腹柄结。后腹部卵形，背面观基部两前侧角突出，中部凹陷。头、并腹胸及两腹柄结有细密网状刻点，后腹

部刻点细弱，较光亮。体立毛稀疏。体浅黄色至褐黄色（图66）。

分布：中国各省区；全世界大部分地区。

图66 法老小家蚁 *Monomorium pharaonis* 工蚁

（杨宇摄，左图中的蚂蚁衔着一只幼虫）

67 中华小家蚁 *Monomorium chinense* Santschi, 1925

工蚁：体长 1.4 ~ 1.7 mm。体褐色至黑褐色。头长大于宽，后头缘微凹。上颚有 4 枚齿。唇基中部凸，两侧有齿突，前缘平直。触角柄节不到达后头缘。复眼小，微凸。前 - 中胸背板凸圆，中 - 并胸腹节缝深凹。并胸腹节无刺或齿。第 1 腹柄结高，侧面观近三角形，长于第 2 腹柄结，第 2 腹柄结低于第 1 腹柄结。后腹部卵形，背面观前缘平直。整体光亮（图 67）。

分布：中国各省区；亚洲各国。

图 67　中华小家蚁
Monomorium chinense 工蚁、
蚁后和幼虫
（杨宇摄，图中较小的为工
蚁、较大的为蚁后，黄白色
的为它们的幼虫）

68　黑腹小家蚁 *Monomorium intrudens* F. Smith, 1874

　　工蚁：体长 1.5 ~ 1.8 mm。与中华小家蚁的区别是头和并腹胸橙黄色，后腹部黑色（图 68）。

　　分布：广西；日本。

图 68   黑腹小家蚁 *Monomorium intrudens* 工蚁和蚁后
(杨宇摄,图中较小的为工蚁,较大的为蚁后)

69 细纹小家蚁 *Trichomyrmex destructor* (Jerdon, 1851)

工蚁：体长 1.8 ~ 3.5 mm。体型变化大。体亮黄色至黄褐色，后腹部颜色较暗。上颚有 3 枚大齿，第 4 枚齿退化成细齿（图 69）。

分布：湖南、福建、台湾、广东、海南、香港、广西、云南；世界性分布。

图69 细纹小家蚁 *Trichomyrmex destructor* 工蚁

（单子龙摄）

70　吉市红蚁 *Myrmica jessensis* Forel, 1901

　　工蚁：体长 4.0 ~ 5.0 mm。体红褐色，头和后腹部颜色较深。头长略大于宽，唇基前缘圆凹。触角柄节弯曲处叶形突起小。并胸腹节刺较长。头、并腹胸和两腹柄结有粗刻纹，后腹部光亮（图70）。

　　分布：黑龙江、吉林、内蒙古、河北、四川、湖南；日本，朝鲜，韩国。

图 70 吉市红蚁 *Myrmica jessensis* 工蚁

（单子龙摄）

71 尼约斯无刺蚁 *Kartidris nyos* Bolton, 1991

工蚁：体长 4.2 ~ 4.6 mm。体浅黄褐色。头圆形，额脊和触角沟消失，在头部背面两复眼之间有一浅凹。上颚有 5 枚齿，复眼小眼面之间有短毛。并腹胸形成两凸面，并胸腹节无刺或齿。头部背面有很弱的网纹，并腹胸光滑，仅并胸腹节有弱网纹，中胸侧板有网状刻点和细纵纹（图 71）。

分布：云南；印度。

图 71　尼约斯无刺蚁 *Kartidris nyos* 工蚁

（刘彦鸣摄）

72 棒刺大头蚁 *Pheidole spathifera* Forel, 1902

兵蚁：体长 6.0 ~ 6.5 mm。体深红褐色。并胸腹节刺粗。头部背面有纵长刻纹，后头部和两侧面有网状刻纹。前胸背板前面刻纹横形，并腹胸其余部分有不规则的粗脊。两腹柄结有细密刻点（图72）。

工蚁：体长 2.5 ~ 3.0 mm。体黄红色。头和后腹部颜色深。并胸腹节刺齿突状。体光亮，中胸侧板和并胸腹节侧面有密集网状刻点。

分布：云南；越南，缅甸，印度，斯里兰卡。

图 72　棒刺大头蚁 *Pheidole spathifera* 兵蚁、蚁后和工蚁

（杨宇摄，图中上为兵蚁，中为蚁后，下为工蚁）

73 卡泼林大头蚁 *Pheidole capellinii* Emery, 1887

兵蚁：体长 4.0 ~ 5.0 mm。体黄褐色至栗红色。并胸腹节刺粗壮。头顶有纵刻纹和细密刻点,侧面光亮。前胸背板有横刻纹,中胸、并胸腹节和两腹柄结有密集刻点。后腹部第 1 节基部有刻点, 其余部分光亮。

工蚁：体长 2.3 ~ 3.0 mm。体色同兵蚁。头卵形,后头缘微凹。上颚、足及后腹部光亮；体其余部分具细密刻点（图 73）。

分布：湖南、广西；印度, 缅甸, 爪哇岛。

图 73　卡泼林大头蚁 *Pheidole capellinii*
兵蚁、蚁后和工蚁
（杨宇摄；图中上为兵蚁、中为蚁后，下为工蚁）

74　皮氏大头蚁 *Pheidole pieli* Santschi, 1925

兵蚁：体长 2.6 ~ 2.8 mm。体黄色至橙红黄色，后腹部黄褐色。并胸腹节刺短。头前部有纵刻纹，后部有网状刻纹。前胸背板前缘有稀疏横刻纹，后部及中胸光亮；并胸腹节刻纹较密集。后腹部光亮。

工蚁：体长 1.6 ~ 2.0 mm。体黄色，后腹部略染褐色。头矩形，后头缘中央微凹。体光亮；头部隐约可见细纵刻纹，并腹胸侧面刻

图 74　皮氏大头蚁 *Pheidole pieli*

（左图：单子龙摄；右图：刘彦鸣摄；图中较小的为工蚁，较大的为兵蚁）

纹稍明显（图74）。

分布：安徽、上海、湖北、湖南、浙江、四川、广西；日本，韩国。

75　宽结大头蚁 *Pheidole noda* F. Smith, 1874

兵蚁：体长 5.2 ～ 5.9 mm。体橙黄色至深栗褐色。头前部有粗纵长刻纹，后部刻纹呈网状。并腹胸有横刻纹，中胸侧板有密集粗刻点。后腹部第 1 节基部有细密刻点和纵刻纹，其余部分光亮。

工蚁：体长 3.0 ～ 3.5 mm。头长大于宽。体黄褐色至深褐色。第 2 腹柄结非常宽大。中胸侧板和并胸腹节有密集粗刻点；体其余部分光亮（图 75）。

分布：山东、河北、北京、江西、上海、江苏、安徽、河南、浙江、湖北、湖南、广东、广西、福建；亚洲各国。

图75　宽结大头蚁 *Pheidole noda* 兵蚁和工蚁
（刘彦鸣摄，图中较小的为工蚁，较大的为兵蚁）

76 伊大头蚁 *Pheidole yeensis* Forel, 1902

兵蚁：体长 5.0 ~ 6.5 mm。体红色、红褐色至栗红色。头顶有横形凹陷，后头角前倾。并胸腹节刺粗壮。头前部有纵刻纹，后部刻纹网状。并腹胸及两腹柄结有横刻纹和细刻点。后腹部全长有细密纵刻纹。

工蚁：体长 2.7 ~ 3.2 mm。体浅黄色、黄褐色至深褐色。后头缘不凹陷。并胸腹节刺粗，端尖。头前部略有短纵刻纹。中胸及并胸腹节有粗密刻点（图 76）。

分布：云南、湖南、广西；缅甸。

图 76　伊大头蚁 *Pheidole yeensis* 兵蚁和工蚁
（单子龙摄，左图为兵蚁，右图为工蚁）

77 淡黄大头蚁 *Pheidole flaveria* Zhou et Zheng, 1999

兵蚁：体长 3.8 ~ 3.9 mm。体淡黄色，后腹部黄褐色。并胸腹节刺尖。足腿节和胫节中部膨大。头部有稀疏粗纵刻纹，后头角光亮；头侧面及腹面前部有纵刻纹。前胸背板具稀疏不规则的横刻纹，中胸和并胸腹节有皱纹。后腹部第 1 节基部有细弱刻点。

工蚁：体长 2.2 ~ 2.3 mm。体淡黄色，半透明。头卵圆形，并腹胸细长。头部有稀疏纵长刻纹，后头部刻纹网状，网眼粗大。并腹胸刻纹不规则，中胸和并胸腹节有不清晰的粗大刻点。后腹部基部刻点密；其余部分光亮（图 77）。

分布：广东、广西。

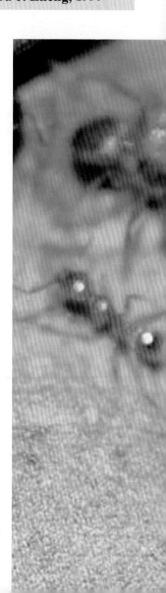

图 77　淡黄大头蚁 *Pheidole flaveria*
工蚁、兵蚁和蚁后
（杨宇摄，图中较小的为工蚁，黄色较大的为兵蚁，黑色较大的为蚁后）

78　褐大头蚁 *Pheidole megacephala* (Fabricius, 1793)

　　兵蚁：体长 3.5~4.0 mm。体黄褐色至红褐色。并胸腹节刺短，端尖。头前部有纵长刻纹，后部及后头角光亮。前胸背板前缘略具刻点，后大半部光亮，中胸背板刻点稀疏，中胸侧板和并胸腹节刻

点密集。后腹部大部光亮。

工蚁：体长 2.2~2.5 mm。头卵形。触角柄节约 1/4 超过后头缘。体光亮。中胸侧板和并胸腹节有密集刻点（图 78）。

分布：广东、广西、福建、台湾；全世界各热带地区。

图 78　褐大头蚁 *Pheidole megacephala* 工蚁和兵蚁

（刘彦鸣摄，左图中较小的为工蚁，较大的为兵蚁，右图中一群蚂蚁在攻击猎物蟑螂）

79 史氏大头蚁 *Pheidole smythiesii* Forel, 1902

兵蚁：体长 7.2~8.5 mm。体红褐色。触角端 4 节形成触角棒。并胸腹节刺粗，端部尖。头部两额脊间有密集细刻纹，后部和两侧纵刻纹间有短横刻纹，与纵刻纹形成网状。前胸背板刻纹横形，中胸背板前部有横刻纹，侧板有细弱纵刻纹，并胸腹节侧面有纵刻纹和密集细刻点。后腹部光亮。

图 79 史氏大头蚁 *Pheidole smythiesii* 工蚁（小）和兵蚁（大）
（左图：单子龙摄；右上图：刘彦鸣摄；右下图：赵俊军摄；图中较小的为工蚁，较大的为兵蚁，工蚁和兵蚁关系亲密）

工蚁：体长 3.4~4.4 mm。体黄褐色。后头缘圆。上颚有 2 枚端齿和 1 列细齿。并胸腹节刺短而尖细。第 1 腹柄结三角形，第 2 腹柄结高于第 1 腹柄结。后腹部卵形（图 79）。

分布：湖南、广西；印度，尼泊尔，越南，泰国。

80　**褐红扁胸切叶蚁** *Vollenhovia pyrrhoria* **Wu et Xiao, 1989**

工蚁：体长 2.6~2.8 mm。体红褐色。并腹胸背板扁平，并胸腹节有 2 枚不明显的小齿。头和并腹胸有纵长细刻纹和细刻点，后腹部光亮（图 80）。

分布：湖南、广东。

图 80　褐红扁胸切叶蚁 *Vollenhovia pyrrhoria* 工蚁

（刘彦鸣摄）

81　高氏双凸蚁 *Dilobocondyla gaoyureni* Bharti et Kumar, 2013

工蚁：体长 5.5 ~ 6.2 mm。头和后腹部黑色；并腹胸和两结节褐红色。前胸背板两肩角具齿突。第 1 腹柄结棒状，中部稍膨大，第 2 腹柄结近锥形。头侧面和后腹部有网状刻纹，刻纹间有细刻点。

并腹胸及两腹柄结背面有粗糙网状刻纹（图 81）。

分布：广东。

图 81　高氏双凸蚁 *Dilobocondyla gaoyureni* 工蚁（左）和雌蚁（右）
（左图：刘彦鸣摄；右图：黄宝平摄）

82　高丽切胸蚁 *Temnothorax koreanus* (Teranishi, 1940)

　　工蚁：体长 1.6 ~ 2.4 mm。头和后腹部近黑色，并腹胸和足黑褐色至黄褐色。并腹胸肩部角形较明显，背面平，并胸腹节刺长而尖。头部具纵长刻纹，与横刻纹形成网状纹。并腹胸具粗纵纹，两并胸腹节刺之间具弱的横刻纹，较光亮。第 1 腹柄结和第 2 腹柄结刻纹粗，后者背面刻纹变弱呈皮革状纹。后腹部光亮（图 82）。

　　分布：湖北、广西；日本。

图 82　高丽切胸蚁 *Temnothorax koreanus* 工蚁

（刘彦鸣摄）

83 皱纹切胸蚁 *Temnothorax ruginosus* Zhou et al., 2010

工蚁：体长 2.4 ~ 2.6 mm。体黄褐色。头长大于宽，唇基前缘圆，触角柄节较长，并胸腹节刺长，端部略下弯。第 1 腹柄结和第 2 腹柄结近等高。头部背面有粗纵长刻纹，侧面有网状刻纹。并腹胸有弯曲纵长刻纹，体侧面有密集刻点（图 83）。

分布：贵州、湖南。

图 83 皱纹切胸蚁 *Temnothorax ruginosus* 工蚁
（刘彦鸣摄）

84 银足切胸蚁 *Temnothorax argentipes* Wheeler, 1928

工蚁：体长2.5～3.0 mm。体浅褐色，头部褐色，后腹部近黑色，节间色浅。头长大于宽，上颚有大的端齿和1列不明显的细齿。并胸腹节刺细长，端部略下弯。头背面有较粗的纵长网状刻纹，刻纹不连续。并腹胸刻纹与头部刻纹相似，前胸背板刻纹较粗，侧面、并胸腹节和两腹柄结刻纹较弱（图84）。

分布：福建。

图84 银足切胸蚁 *Temnothorax argentipes* 工蚁

（刘彦鸣摄，图中两只蚂蚁在等待蚜虫分泌蜜露）

85　**角肩切胸蚁** *Temnothorax angulohumerus* Zhou et al., 2010

　　工蚁：体长 2.4 ~ 2.8 mm。头长大于宽。前胸背板凸，前缘有边缘，肩部呈角形。体褐黄色，头和后腹部近黑色（图 85）。

　　分布：湖南。

图 85　角肩切胸蚁 *Temnothorax angulohumerus* 工蚁

（刘彦鸣摄）

86 条纹切叶蚁 *Myrmecina striata* Emery, 1889

工蚁：体长 3.2 ~ 3.3 mm。头长和宽近相等，上颚齿不明显。并胸腹节刺长，端部略向上弯。足腿节和胫节中部膨大。头、并腹胸背面和侧面、两腹柄结均有排列规则的纵刻纹，后腹部光亮。体亮黑色（图 86）。

分布：云南、广西；缅甸。

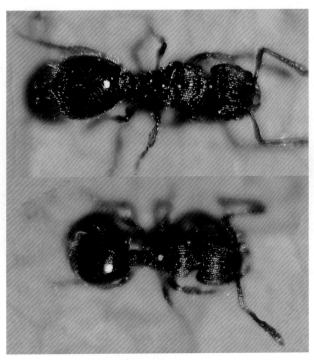

图 86　条纹切叶蚁 *Myrmecina striata*
（杨宇摄，图中上为蚁后，下为工蚁）

87 针毛收获蚁 *Messor aciculatus* (F. Smith, 1874)

工蚁：体长 5.4 ～ 5.6 mm。体黑色，足红褐色，后腹部带褐色。头长和宽近相等，并胸腹节不具刺或齿。后腹部光亮。头部有细密纵刻纹，并腹胸有横刻纹和刻点，腹柄结有较粗的刻点和皱纹（图

87）。

　　分布：北京、山东、河北、河南、山西、陕西、内蒙古、上海、江苏、浙江、安徽、湖北、湖南、福建；日本。

图 87　针毛收获蚁 *Messor aciculatus* 工蚁和蚁后

（杨宇摄，左图中较小的为工蚁，较大的为蚁后，右图中一只蚁后和一只工蚁在取食植物种子）

88 湖南盘腹蚁 *Aphaenogaster hunanensis* Wu et Wang, 1992

工蚁：体长 6.3 ～ 7.3 mm。体暗红色，触角、足及后腹部末端褐红色至褐黄色。并胸腹节刺较长。足细长。唇基有数条纵刻纹，头前部有粗纵刻纹和细刻点，其后为网状刻纹和粗刻点。前胸背板中部较光亮，两侧及后缘有皱纹或网纹，并腹胸其余部分具粗糙刻纹和刻点。两腹柄结有密集刻点和少许皱纹，后腹部光亮（图 88）。

分布：湖南、广西。

图 88 湖南盘腹蚁 *Aphaenogaster hunanensis* 工蚁
（刘彦鸣摄，左图中的蚂蚁在搬运食物）

89 史氏盘腹蚁 *Aphaenogaster smythiesii* Forel, 1902

工蚁：体长 5.2 ～ 5.7 mm。体褐色至黑褐色。并胸腹节刺短而尖。头前部有不明显的细纵刻纹和稀疏刻点，后部较光亮。前胸背板背面光亮，两侧具细弱纵刻纹。中胸背板后半部及并胸腹节有不规则皱纹和刻点，中胸侧板刻点粗密。两腹柄结基部有密集刻点，上部及后腹部光亮（图 89）。

分布：安徽、浙江、云南、贵州、四川、湖北、江西、湖南、广西、福建；印度，阿富汗。

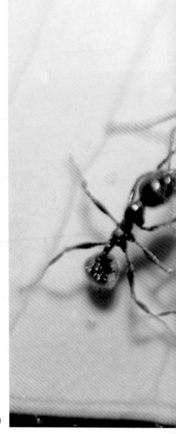

图 89 史氏盘腹蚁 *Aphaenogaster smythiesii* 工蚁和蚁后

（杨宇摄，图中较小的为工蚁，较大的为蚁后）

90　大吉盘腹蚁 *Aphaenogaster geei* Wheeler, 1921

工蚁：体长 6.5 ~ 7.5 mm。体褐红色，后腹部黑褐色。头部有粗糙刻纹和刻点，并腹胸和腹柄结刻纹和刻点较弱（图 90）。

分布：安徽、江苏、浙江、湖南、福建。

图 90　大吉盘腹蚁 *Aphaenogaster geei* 工蚁和蚁后

（杨宇摄，图中左为工蚁，右为蚁后）

91 雕刻盘腹蚁 *Aphaenogaster exasperate* Wheeler, 1921

工蚁：体长 5.5 ~ 6.3 mm。体暗红褐色。头部有粗糙网状刻纹，前胸背板前端有横刻纹，两侧有纵刻纹，并胸腹节背板有横刻纹，后腹部光亮（图 91）。

分布：浙江、四川、江西。

图91　雕刻盘腹蚁 *Aphaenogaster exasperate* 工蚁
（单子龙摄，图中蚂蚁在取食苔藓植物）

92　费氏盘腹蚁 *Aphaenogaster feae* Emery, 1889

工蚁：体长 4.7 ~ 5.8 mm。体亮褐红色，后腹部黑褐色。后头部延长成颈状，有领状边缘。中胸侧板和并胸腹节有微弱的皱纹（图92）。

分布：广西；缅甸。

图92　费氏盘腹蚁 *Aphaenogaster feae*
工蚁
（单子龙摄，右上图中的蚂蚁在吸食苔藓上的水滴）

93　贝卡氏盘腹蚁 *Aphaenogaster beccarii* Emery, 1887

　　工蚁：体长 6.7 ~ 6.8 mm。与费氏盘腹蚁相似，主要不同为体栗褐色；个体较大；并胸腹节有明显的横刻纹；并胸腹节刺长（图 93）。

　　分布：浙江、广西、福建；印度，印度尼西亚。

图 93　贝卡氏盘腹蚁 *Aphaenogaster beccarii* 工蚁

（左图：刘彦鸣摄；右图：单子龙摄）

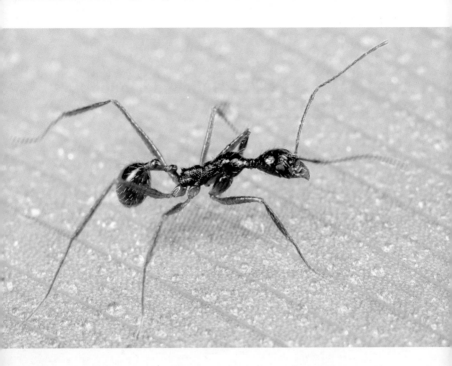

十、臭蚁亚科 Dolichoderinae

　　工蚁体壁常薄而柔软。唇基向后延伸至额脊之间。触角 12 节。后胸背板明显，其气门常在背面形成突起。腹柄结 1 节，低或呈鳞片状。腹末孔开口横缝状。螫针退化。有 1 对腹囊，与单细胞臀腺相连并释放分泌物，受惊扰时释放分泌物，遇空气变成树脂状，并散发出臭味。

94　**黑头酸臭蚁 *Tapinoma melanocephalum* (Fabricius, 1793)**

　　工蚁：体长 1.7 ~ 2.1 mm。头（有时包括并腹胸）褐色、暗红褐色至黑色；并腹胸和后腹部（有时仅为后腹部）褐黄色或黄白色。头和体背面具细密网状刻纹（图 94）。

　　分布：山东、河南、安徽、浙江、云南、四川、湖南、广东、广西、福建、海南、台湾、香港、澳门；日本，东南亚地区，澳大利亚，非洲。

图 94　黑头酸臭蚁　*Tapinoma melanocephalum* 工蚁

（刘彦鸣摄；左图中的蚂蚁在搬运蛹和幼虫；右图中的蚂蚁正从巢穴中搬出
幼虫，估计它们要举家搬迁了）

95 褐狡臭蚁 *Technomyrmex brunneus* Forel, 1895

工蚁：体长 2.6 ~ 3.2 mm。体黑色，上颚红褐色至黄褐色；各足跗节淡黄色至黄白色。头、并腹胸及后腹部有细密网状刻点，中胸及并胸腹节刻点较粗，后腹部刻点较细（图 95）。

分布：广西各地、山东、湖南、云南、福建、广东、海南、台湾；日本，东南亚地区，澳大利亚。

图95　褐狡臭蚁 *Technomyrmex brunneus*
工蚁

（刘彦鸣摄；左上图中的蚂蚁正在吸食介
壳虫分泌的蜜露；右下图中的两只蚂蚁还
在等待介壳虫分泌蜜露）

96　长角狡臭蚁 *Technomyrmex antennus* Zhou, 2001

　　工蚁：体长 3.0 ~ 4.2 mm。体红褐色至深褐红色，后腹部染较多褐色，触角及足黄褐色，中、后足基节黄白色。唇基前缘中部具深的"U"形凹陷。头、并腹胸及后腹部具清晰的细密网状刻纹，

几无光泽；并胸腹节斜面刻纹较弱，有一定光泽（图 96）。

分布：湖北、广东、广西。

图 96　长角狡臭蚁 *Technomyrmex antennus* 工蚁

（左图：刘彦鸣摄；右图：单子龙摄）

97　中华光胸臭蚁 *Liometopum sinense* Wheeler, 1921

工蚁：体长 3.0 ~ 5.5 mm。体红褐色。后腹部暗褐色，其各节背板后缘具褐黄色窄边。头宽大，后头缘浅宽凹。并腹胸侧面观呈连续弓形。全身有皮革状细刻纹。后腹部茸毛较长而密，茸毛指向中部（图97）。

分布：上海、江苏、湖北、湖南、贵州、浙江、广东、广西。

图 97　中华光胸臭蚁 *Liometopum sinense* 工蚁

（刘彦鸣摄）

98 西伯利亚臭蚁 *Dolichoderus sibiricus* Emery,1898

　　工蚁：体长 3.3 ~ 4.1 mm。头、并腹胸和两腹柄结有深凹刻，凹刻之间有细刻点。后腹部网状刻纹细弱，较光亮。体红褐色，头部背面红褐色，后腹部黑色，在后腹部第 1 和第 2 节背板两侧各有2 个黄色至黄白色斑（图 98）。

分布：新疆、江西、安徽、湖北、湖南、福建、浙江、广东、广西；日本，韩国，朝鲜，俄罗斯。

图 98　西伯利亚臭蚁 *Dolichoderus sibiricus* 工蚁和蚁后

（左图：单子龙摄；右图：杨宇摄；右图中上为蚁后，下为工蚁）

99 黑可可臭蚁 *Dolichoderus thoracicus* (F. Smith 1860)

工蚁：体长 3.9 ~ 5.0 mm。体黑色，上颚、唇基、触角及足跗节深红褐色。前胸背板较平坦，前面有边缘；中胸背板前部较平，后部向后倾斜，两侧有边缘；并胸腹节基面较平，斜面内凹，后背

图 99　黑可可臭蚁 *Dolichoderus thoracicus* 工蚁

（单子龙摄）

角凸起。头和并腹胸有密集刻点，并腹胸还有刻沟和皱纹，较粗糙；腹柄结和后腹部刻点细（图 99）。

分布：云南、广东、广西、福建；印度，缅甸，马来西亚，菲律宾。

100 毛臭蚁 *Dolichoderus pilosus* Zhou et Zheng, 1997

工蚁：体长 3.1 ~ 3.6 mm。头、并腹胸和前足基节褐红色，后腹部黑色。头部网状刻纹较粗而密，前-中胸背板缝深，并腹胸刻点

及刻纹粗而不规则，十分粗糙，后腹部刻纹中粗（图100）。

分布：广西。

图100　毛臭蚁 *Dolichoderus pilosus* 工蚁

（左图：单子龙摄；右图：赵俊军摄；蚂蚁受到惊扰，就会抬起上半身，有时将腹部
弯向前，随时准备喷射蚁酸）

101 黑腹臭蚁 *Dolichoderus taprobanae* (F. Smith,1858)

工蚁：体长 3.4 ~ 3.6 mm。头、并腹胸及结节褐红色，后腹部黑色，略染黄色。前胸背板前缘略具边缘。头部光亮，略有毛刻点，并腹胸有稀疏刻点，中胸侧板有细纵刻纹，后腹部刻纹精细，光亮（图 101）。

分布：湖南、广东、广西；东南亚地区。

图 101　黑腹臭蚁 *Dolichoderus taprobanae* 工蚁
（刘彦鸣摄，一群蚂蚁在保护着几只蚜虫）

102　小眼长穴臭蚁 *Chronoxenus myops* (Forel, 1895)

工蚁：体长 1.8 ～ 1.9 mm。体浅黄褐色。前胸背板宽，中胸及并胸腹节侧扁；背板缝清晰但不凹陷；并胸腹节基面极短。腹柄结低平前倾。后腹部粗大，前面很凸。头和体光亮，刻点细弱。头顶和后腹部有稀疏细长的立毛，并腹胸缺立毛。茸毛白色丝状，遍布全身，在后腹部密集且较长（图 102）。

分布：河南、云南、广西；印度。

图 102　小眼长穴臭蚁 *Chronoxenus myops* 工蚁和雌蚁
（刘彦鸣摄，图中无翅为工蚁，有翅的为雌蚁）

十一、蚁亚科 Formicinae

工蚁体壁较薄。触角 8 ~ 12 节，鞭节长，丝状，少数形成不明显的棒状。腹柄结 1 节，通常为鳞片状。缺螫针。腺体变成卷折的垫状体，能分泌蚁酸，通过后腹末的圆孔（称酸孔）排出；有些属（如蚁属 *Formica*）能以强大的力量喷出蚁酸。酸孔周围有一圈短而细的毛，能辅助将蚁酸向体外扩散。

103　罗思尼斜结蚁 *Plagiolepis rothneyi* Forel, 1894

工蚁：体长 2.1 ~ 2.3 mm。体红褐色至黑色，上颚、触角及足颜色较浅。前胸背板凸，中胸背板与前胸背板近等长，后胸背板低，背面观缢缩，其上 2 个气门突出；并胸腹节低。体光亮，少数个体头前部具极细弱刻纹（图 103）。

分布：云南、四川、湖南、广东、广西、海南；印度，缅甸，越南。

注：Santschi (1926) 将本种并入刺结蚁属 *Lepisiota*，Bolton (1995) 在《世界蚂蚁名录》中也将其归入刺结蚁属中。作者对比两个属的特征认为，本种并胸腹节无刺或齿，腹柄结顶端无刺，与刺结蚁属种类相差太大。因此，仍保留该种原地位。

图 103　罗思尼斜结蚁 *Plagiolepis rothneyi* 工蚁

（单子龙摄）

104 内氏前结蚁 *Prenolepis naoroji* Forel, 1902

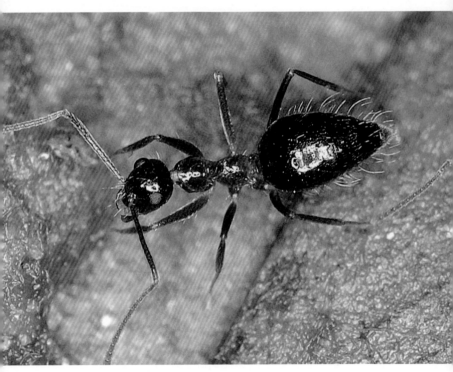

图 104　内氏前结蚁 *Prenolepis naoroji* 工蚁

（刘彦鸣摄）

工蚁：体长 3.2 ~ 3.7 mm。头、并腹胸及腹柄结褐黄色至黄褐色，后腹部褐色。并腹胸较长，中胸缢缩；前、中胸形成一凸面，与并胸腹节凸面大小相近。头和并腹胸光亮，后腹部有很弱的网状刻纹（图 104）。

分布：贵州、四川、湖北、江西、湖南、广西、福建；印度，缅甸。

105 长足捷蚁 *Anoplolepis gracilipes* (Smith, 1857)

工蚁：体长 3.8 ~ 5.1 mm。体蜜黄色至橙黄色，触角和足颜色略浅，后腹部略带褐色。头长卵形，触角柄节长约为头长的 2 倍。并腹胸细长，前胸背板长三角形，中胸缢缩，并胸腹节圆凸。头和体背面有细弱网状刻纹，较光亮（图 105）。

分布：云南、广东、广西、福建、海南、台湾、香港、澳门；日本，印度。

图 105 长足捷蚁 *Anoplolepis gracilipes* 工蚁
（刘彦鸣摄；右图中的蚂蚁在吸食蚜虫分泌的蜜露；左图中的蚂蚁捕获了一只白蚁）

106 蒙古原蚁 *Proformica mongolica* (Emery, 1901)

工蚁：体长 2.0 ~ 4.2 mm。体黑褐色，足染褐色。并腹胸较宽短，前胸与中胸背板圆，并胸腹节较短，后腹部长（图 106）。

分布：西藏、新疆、内蒙古、陕西、甘肃、宁夏、青海；蒙古，俄罗斯，朝鲜，中亚地区。

图 106　蒙古原蚁 *Proformica mongolica* 工蚁和雌蚁
（杨宇摄，图上方最大的一只为雌蚁）

107 佐村悍蚁 *Polyergus samurai* Yano, 1911

图 107 佐村悍蚁 *Polyergus samurai* 工蚁

（杨宇摄）

工蚁：体长 6.5 ~ 6.7 mm。体深红褐色至黑褐色，触角和足色较浅。上颚窄，镰刀状。前胸和并胸腹节背板圆凸。腹柄结厚。并腹胸背面无光泽，腹面和后腹部光亮（图 107）。

分布：北京、河北、陕西、宁夏、甘肃、青海；俄罗斯远东地区，日本，朝鲜半岛。

108　橘红悍蚁 *Polyergus rufescens* (Latreille, 1798)

工蚁：体长 5.5~7.5 mm。与佐村悍蚁的区别是体橘红色，头和

图 108　橘红悍蚁 *Polyergus rufescens* 蚁后和工蚁
（杨宇摄，图中较大的为蚁后，较小的为工蚁）

后腹部红褐色（图108）。

分布：新疆；俄罗斯，哈萨克斯坦，吉尔吉斯斯坦，欧洲。

109 艾箭蚁 *Cataglyphis aenescens* (Nylander, 1849)

　　工蚁：体长 7.0 ~ 8.4 mm。体黑色，触角和足红褐色。上颚大。头扁平，前胸背板圆凸，并胸腹节后部抬高，腹柄结厚。头部有较粗的刻点，并腹胸和后腹部有细密刻点和刻纹（图 109）。

　　分布：北京、河北、辽宁、山东、新疆、山西、陕西、宁夏、甘肃、青海；意大利，俄罗斯，蒙古，乌克兰，捷克，吉尔吉斯斯坦，中亚地区，土耳其。

图 109　艾箭蚁 *Cataglyphis aenescens* 工蚁

（杨宇摄）

110 北京凹头蚁 *Formica beijingensis* Wu, 1990

工蚁：体长 4.7 ~ 5.8 mm。头部红褐色，后半部染黑色斑；并
腹胸和腹柄结橘红色至红褐色，前胸和中胸背板染黑褐色斑；足红
褐色；后腹部黑色。后头缘深凹，腹柄结上缘中央凹陷（图 110）。

分布：北京、黑龙江、宁夏、甘肃、青海。

图 110 北京凹头蚁 *Formica beijingensis* 工蚁
（杨宇摄，蚂蚁正在吸食植物叶片上的水滴）

111 日本黑褐蚁 *Formica japonica* Motschulsky, 1866

工蚁：体长 5.4 ~ 7.6 mm。体黑褐色至黑色。全身暗无光泽。全身有密集的柔毛，后腹部更密集（图 111）。

分布：全国各省区；日本，蒙古，韩国，朝鲜，印度，缅甸，俄罗斯远东地区。

图 111　日本黑褐蚁 *Formica japonica* 蚁后和工蚁
（杨宇摄，图中较大的为蚁后，较小的为工蚁）

112 石狩红蚁 *Formica yessensis* Forel, 1901

工蚁：体长 5.7 ~ 7.3 mm。暗橘红色至褐红色，后腹部黑褐色至黑色，基部常染红褐色。体较粗大，全身密布立毛和柔毛，暗无光泽（图 112）。

分布：吉林、黑龙江、吉林、辽宁、山西、陕西、内蒙古、台湾；日本，俄罗斯，朝鲜半岛。

图 112 石狩红蚁 *Formica yessensis* 蚁后和工蚁
（杨宇摄，图中较大的为蚁后，较小的为工蚁）

113 红林蚁 *Formica sinae* Emery, 1925

工蚁：体长 4.5 ~ 8.3 mm。体橘红色至深红色，后腹部黑色，头顶有部分黑褐色，并腹胸和腹柄结色浅于头部。毛被与石狩红蚁相似，但并腹胸的立毛粗硬（图 113）。

分布：北京、天津、河北、山东、河南、新疆、山西、陕西、甘肃、宁夏、青海、安徽。

图 113 红林蚁 *Formica sinae* 工蚁
（单子龙摄；图中蚂蚁在吸食蚜虫的蜜露）

114 掘穴蚁 *Formica cunicularia* Latreille, 1798

工蚁：体长 4.0 ~ 7.5 mm。体色变化较大，头、并腹胸和腹柄结褐红色至褐色，后腹部颜色更深。柔毛遍布全身（图 114）。

分布：北京、河北、山东、河南、新疆、山西、陕西、甘肃、宁夏、青海、安徽、云南、四川、湖北、湖南；法国，丹麦，瑞典，波兰，

图 114　掘穴蚁 *Formica cunicularia* 工蚁

（刘彦鸣摄）

芬兰，荷兰，英国，葡萄牙，俄罗斯，中亚地区，欧洲，北非地区，美洲。

115 长角立毛蚁 *Paratrechina longicornis* (Latreille, 1802)

工蚁：体长 2.3 ~ 2.7 mm。体暗黄褐色至黑褐色，触角和足色较浅。触角长，柄节一半以上超过后头缘。并腹胸长，各节几乎处于同一平面上。足细长。侧面观腹柄结三角形，前倾。后腹部基部前凸，悬覆于腹柄结之上，前面有凹陷以容纳腹柄结。体光亮，头和后腹部有细弱皮革状刻纹。立毛较粗钝，在头和并腹胸成对排列（有人称之为对毛蚁，图 115）。

分布：浙江、贵州、湖南、广东、广西、福建、海南、台湾、香港、澳门；全世界各热带、亚热带地区。

图 115　长角立毛蚁 *Paratrechina longicornis* 蚁后和工蚁
（杨宇摄，图中较大的为蚁后，较小的为工蚁）

116 布尼氏蚁 *Nylanderia bourbonica* (Forel, 1886)

工蚁：体长 2.5 ~ 3.2 mm。体暗褐色至黑褐色，上颚、触角及足颜色稍浅。并腹胸长，前 – 中胸背板形成一凸面。后腹部前面凸，悬覆于结腹柄之上。头及体有弱刻点，稍具光泽。头及后腹部有丰

富的粗硬立毛。柔毛密集，遍布全身（图 116）。

分布：广西各地、安徽、湖北、湖南、江西、云南、贵州、福建、广东；日本，朝鲜，东南亚地区，北美地区，非洲。

图 116　布尼氏蚁 *Nylanderia bourbonica* 工蚁

（左图：刘彦鸣摄；右图：单子龙摄）

117 黄腹尼氏蚁 *Nylanderia flaviabdominis* (Wang, 1997)

工蚁：体长 3.4 ~ 3.8 mm。体亮黄色，头顶颜色稍深，后腹部染褐色。并腹胸细长，前胸背板凸，中胸背板缢缩，并胸腹节基面呈半球形。腹柄结厚。后腹部背面极凸，前面有容纳腹柄结的凹陷。

足长。体光亮，头和后腹部有密集的精细刻点和稀疏具毛粗刻点，略暗于前胸背板；中胸及并胸腹节有精细纵刻纹，但不影响光亮度。腹柄结光亮（图 117）。

分布：湖北、江西、广东、广西。

图 117　黄腹尼氏蚁 *Nylanderia flaviabdominis* 工蚁
（左图：刘彦鸣摄；右图：黄宝平摄；蚂蚁巢穴一旦遭到破坏，它们会迅速搬走幼虫和刚羽化的幼蚁）

118 埃尼氏蚁 *Nylanderia emmae* Forel, 1894

工蚁：体长 3.5~3.6 mm。与黄腹尼氏蚁相似，主要区别为唇基前缘凸，触角明显较长，并腹胸光亮无刻纹（图 118）。

分布：河南、安徽、四川、浙江、江西、湖南、广东、广西、海南、香港。

图 118　埃尼氏蚁 *Nylanderia emmae* 工蚁

（左下图：刘彦鸣摄；右上图：刘彦鸣摄；

左下图中的蚂蚁在放牧蚜虫）

119 污黄拟毛蚁 *Pseudolasius cibdelus* Wu et Wang, 1992

工蚁：体长 2.6 ~ 4.6 mm。有大型工蚁和小型工蚁之分。体黄褐色至红褐色。全身有细密刻点，无光泽。大型工蚁头后缘深凹陷，小型工蚁头后缘圆。并腹胸短，前 – 中胸背板形成一凸面，并胸腹节背板形成另一凸面。腹柄结上缘中央凹陷，后腹部大而长（图119）。

分布：河南、云南、贵州、湖北、湖南、广东、广西、福建。

图 119　污黄拟毛蚁 *Pseudolasius cibdelus* 大型工蚁

（杨宇摄）

120 **相似拟毛蚁 *Pseudolasius similus* Zhou, 2001**

工蚁：体长 3.0 ~ 5.8 mm。体黄色，头顶、并腹胸背面及后腹部背面略染褐色。与污黄拟毛蚁的区别是唇基两侧各具 1 枚粗钝齿，小型工蚁后头缘略凹陷，不圆凸（图 120）。

分布：湖北、江西、广西。

图 120 相似拟毛蚁 *Pseudolasius similus* 蚁后和工蚁

（杨宇摄，图中较大的为蚁后，较小的为工蚁）

121　黄猄蚁 *Oecophylla smaragdina* (Fabricius, 1775)

　　工蚁：体长 7.5 ～ 10.0 mm。体橙红色至锈红色。全身有细密网状刻点，光泽较弱。上颚长，端齿弯而尖。并腹胸狭长，前胸背板凸，前端延长成颈状；中胸背板前部细长，后部突然变宽；并胸腹节钝圆。腹柄结长，中部稍膨大。后腹部短。足细长（图 121）。

　　分布：云南、广东、广西、海南；缅甸，印度，斯里兰卡，马来西亚，印度尼西亚，巴布亚新几内亚，澳大利亚。

图 121　黄猄蚁 *Oecophylla smaragdina* 工蚁

（左图：刘彦鸣摄；右上图：刘彦鸣摄；右中图：黄宝平摄；右下图：赵俊军摄。左图中的蚂蚁正在合力将两张相邻的植物叶片拉近；右上图一只工蚁紧咬叶片，另一只工蚁衔着幼虫，用幼虫的分泌物缝合叶片织巢；右中、右下两图中的蚂蚁正在合力肢解猎物）

122 宾氏长齿蚁 *Myrmoteras binghamii* Forel, 1893

工蚁：体长 6.0 ~ 7.0 mm。体红褐色，触角和足黄褐色。上颚细长镰刀状，长约为头长的 2 倍，内缘有 11 枚齿，端部 3~4 枚齿长而尖。体光亮（图 122）。

分布：云南；缅甸，泰国。

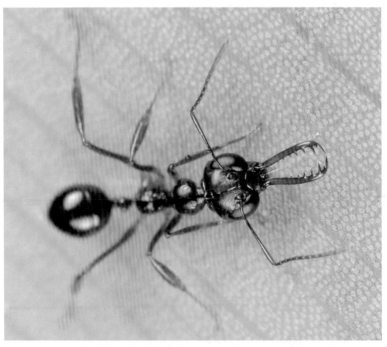

图 122 宾氏长齿蚁 *Myrmoteras binghamii* 工蚁
（单子龙摄）

123 **格拉朋海胆蚁** *Echinopla cherapunjiensis* **Bharti et Gul, 2012**

雌蚁：体长 6.5 ~ 7.0 mm。体黑色，触角和足红褐色。全身密布灰白色柔毛和黄色直立毛。全身粗糙，有孔状刻点，后腹部刻点较小。腹柄结上缘有 6 枚齿（图 123）。

分布：云南、广西；印度。

图 123　格拉朋海胆蚁 *Echinopla cherapunjiensis* 雌蚁

（杨宇摄）

124 玉米毛蚁 *Lasius alienus* (Foerster, 1850)

　　工蚁：体长 3.8 ~ 4.0 mm。体黄褐色，头顶颜色较深，上颚褐红色。后头缘平。上颚有 7~9 枚齿，第 4~5 枚齿常愈合。唇基前缘

宽圆。触角粗壮，柄节超过后头缘。前胸和中胸形成双凸；中–并胸腹节缝深凹。腹柄结薄，鳞片状。后腹部宽，背面凸，悬覆于腹柄结之上，前面具凹陷。头及体具密集网状刻纹。立毛丰富，细茸毛密集（图 124）。

分布：北京、河北、吉林、辽宁、黑龙江、河南、内蒙古、新疆、陕西、山西、甘肃、宁夏、云南、四川、浙江、湖北、江西、湖南、广西；属全球广布物种，在亚洲、欧洲、非洲和北美洲各国都有分布。

图 124　玉米毛蚁 *Lasius alienus* 工蚁

（单子龙摄）

125 亮毛蚁 *Lasius fuliginosus* (Latreille, 1798)

图 125 亮毛蚁 *Lasius fuliginosus* 工蚁

（单子龙摄）

　　工蚁：体长 4.4 ～ 5.0 mm。体黑色略带深栗红色，触角和足褐红色。上颚有 6 枚齿。并腹胸粗短，背面较凸。腹柄结楔形，背缘中央略凹。全身光亮（图 125）。

　　分布：广西（猫儿山）及全国大部分省区；亚洲，非洲，欧洲，北美洲。

126 黄毛蚁 *Lasius flavus* (Fabricius, 1782)

工蚁：体长 2.2 ~ 4.8 mm。体浅黄色至褐黄色,头部色更深（图 126）。

分布：北京、浙江、吉林、黑龙江、辽宁、内蒙古、新疆、山西、海南、广西、甘肃、广东、河南、宁夏、陕西、贵州、江西、湖北、云南；世界各国都有分布。

图 126　黄毛蚁 *Lasius flavus* 工蚁
（单子龙摄；左图中的蚂蚁在搬运幼虫）

127 叶形多刺蚁 *Polyrhachis lamellidens* F. Smith, 1874

工蚁：体长 8.0 ~ 8.5 mm。头和后腹部黑色略带红色；并腹胸和腹柄结暗红褐色。并腹胸全长有棱边，前胸背板肩角、中胸背板和并胸腹节都有刺。腹柄结顶端有 2 根弯钩形长刺，刺端指向外偏后方。

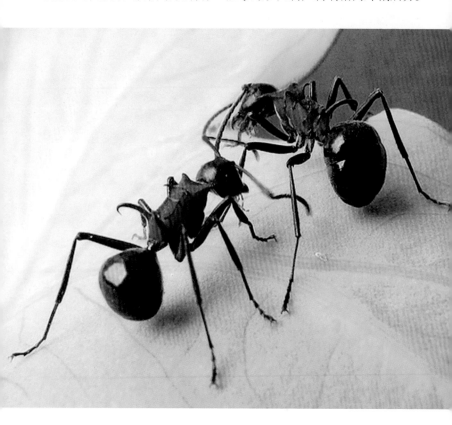

头和后腹部有细密网状刻纹，并胸腹节和腹柄结有粗密刻点和细刻纹（图127）。

分布：甘肃、江苏、安徽、湖北、湖南、浙江、四川、贵州、广西、香港、台湾；日本，朝鲜。

图 127　叶形多刺蚁 *Polyrhachis lamellidens* 工蚁

（杨宇摄）

128 双钩多刺蚁 *Polyrhachis bihamata* (Drury, 1773)

　　工蚁：体长 8.0 ~ 9.0 mm。与叶形多刺蚁相似，但头部灰黑色，并腹胸、腹柄结和后腹基半部灰红色（图 128）。

　　分布：云南；缅甸，马来西亚，印度尼西亚。

图 128　双钩多刺蚁 *Polyrhachis bihamata* 工蚁

（左图：杨宇摄；右上图：赵俊军摄；右下图：赵俊军摄；蚂蚁在取食树干上的苔藓）

129 哈氏多刺蚁 *Polyrhachis halidayi* Emery, 1889

图 129 哈氏多刺蚁 *Polyrhachis halidayi* 工蚁
（刘彦鸣摄；图中的蚂蚁在放牧蚜虫）

工蚁：体长 6.8 ~ 7.0 mm。体黑色，上颚和足红褐色。并腹胸全长有棱边，并胸腹节基面末端两侧有短钝齿，腹柄结端部两侧有长刺，长刺之间有 2 枚细齿。头和并腹胸背面有规则的纵刻纹，并腹胸侧面及腹柄结有粗密刻点，后腹部刻点细密（图 129）。

分布：浙江、广西、福建、海南；缅甸，老挝。

130 二色多刺蚁 *Polyrhachis bicolor* Smith, 1858

工蚁：体长 5.5 ~ 5.8 mm。头褐红色，后腹部黑色，并腹胸和腹柄结红色至红褐色。前胸背板肩角、并胸腹节和腹柄结有长刺。头、并腹胸和腹柄结有粗孔状刻点（图 130）。

分布：云南；越南，缅甸，菲律宾，澳大利亚，柬埔寨，老挝，马来西亚，新加坡，日本，巴布亚新几内亚。

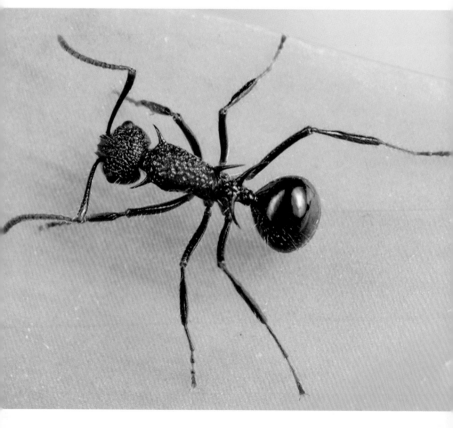

图 130　二色多刺蚁 *Polyrhachis bicolor* 工蚁和雌蚁

（单子龙摄；左图和右上图为工蚁，右下图为有翅雌蚁）

131 红腹多刺蚁 *Polyrhachis rubigastrica* Wang et Wu, 1991

图 131　红腹多刺蚁 *Polyrhachis rubigastrica* 工蚁

（杨宇摄）

工蚁：体长 5.0 ~ 5.6 mm。头和并腹胸黑色，后腹部红色至褐红色。前胸背板肩角有粗齿状突，并胸腹节有 2 根长刺，腹柄结侧刺长，两侧刺之间具 2 枚小齿或缺此小齿。头、并腹胸及腹柄结有粗密刻点，后腹部刻点细（图 131）。

分布：贵州、江西、湖南、广西。

132 结多刺蚁 *Polyrhachis rastellata* (Latreille,1802)

工蚁：体长 5.3 ~ 6.0 mm。体黑色，足腿节和胫节红色。并腹胸背面呈弓形，并胸腹节基面末端有变化：有些个体光滑无突起，

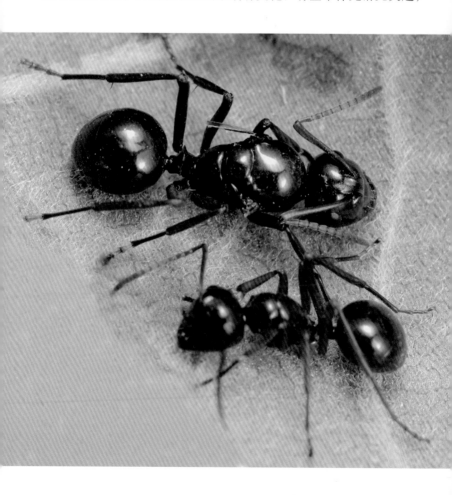

有些个体有低的瘤状突，还有些个体有明显的齿。腹柄结端部有尖锐的边缘，其上有4枚齿；多数个体4枚齿大小相近，中间2枚齿相距较近，也有的个体侧齿不发达，仅略呈角状。全身有十分精致的细网纹，光亮（图132）。

分布：浙江、贵州、湖北、湖南、广西、福建；东南亚各国，澳大利亚。

图 132　结多刺蚁 Polyrhachis rastellata 工蚁和蚁后
（左图：单子龙摄；右图：杨宇摄；图中较小的为工蚁，较大的为蚁后）

133 圆顶多刺蚁 *Polyrhachis rotoccipita* Xu, 2002

工蚁：体长 5.2 ~ 5.6 mm。与结多刺蚁相似，但头顶更凸，足黑色，腹柄结中间 2 枚齿长于两侧齿（图 133）。

分布：云南。

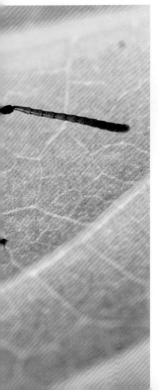

图 133　圆顶多刺蚁 *Polyrhachis rotoccipita* 工蚁
（左图：刘彦鸣摄；右图：黄宝平摄；右图中的两
只蚂蚁在互相交流）

134 淡色箭蚁 *Cataglyphis pallida* Mayr, 1877

工蚁：3.6 ～ 5.6 mm。体黄白色，头部淡黄色，后腹部色更浅，各节末端有一窄的黄褐色带。体光亮无刻点和刻纹。体被丰富的白色短茸毛。

分布：新疆、甘肃；俄罗斯，吉尔吉斯斯坦，哈萨克斯坦，阿富汗，中亚。

图 134　淡色箭蚁 *Cataglyphis pallida* 工蚁和蚁后
（杨宇摄，右图中大的为蚁后，小的为工蚁）

135 梅氏多刺蚁 *Polyrhachis illaudata* Walker, 1859

工蚁：体长 7.6 ~ 10.1 mm。体黑色，密布灰白色茸毛。并腹胸全长具棱边，前胸背板肩角有尖刺，并胸腹节基面末端有齿状突，腹柄结两侧有长刺，长刺的下方各有一根短刺（或齿）。全身有密集的刻点和刻纹。全身密被棕黄色细短立毛和茸毛常遮盖刻点（图135）。

图 135　梅氏多刺蚁 *Polyrhachis illaudata* 工蚁
（左图：单子龙摄；右图：刘彦鸣摄；右图中两只蚂蚁在交换食物）

分布：云南、贵州、四川、江西、湖北、湖南、广东、广西、福建、海南、香港、台湾；东南亚地区。

136 大眼多刺蚁 *Polyrhachis vigilans* F. Smith, 1858

工蚁：体长 9.0 ~ 11.4 mm。与梅氏多刺蚁很相似，但复眼突
出呈尖角状（图 136）。

分布：浙江、湖北、湖南、广东、广西、福建、海南、香港、台湾；
越南。

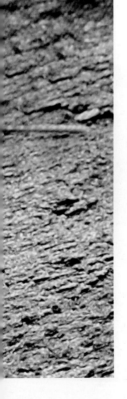

图 136　大眼多刺蚁
Polyrhachis vigilans 工蚁
（刘彦鸣摄）

137 条纹多刺蚁 *Polyrhachis striata* Mayr, 1862

　　工蚁：体长 8.0 ~ 10.0 mm。与梅氏多刺蚁很相似，但并腹胸侧面刻纹明显呈规则的纵条纹（图 137）。

　　分布：云南、广东、广西、福建；爪哇岛，印度尼西亚，菲律宾。

图 137　条纹多刺蚁 *Polyrhachis striata* 工蚁

（左下图：刘彦鸣摄；右上图：黄宝平摄）

138 锡兰多刺蚁 *Polyrhachis ceylonensis* Emery, 1893

工蚁：体长 4.0 ~ 5.0 mm。体黑色，触角和足红黄色。全身有细的网状刻点。缺柔毛。并腹胸粗短，前胸背板肩角有齿突，并胸腹节有短刺，腹柄结有长刺（图 138）。

分布：云南；斯里兰卡。

图 138　锡兰多刺蚁 *Polyrhachis ceylonensis* 工蚁
（刘彦鸣摄）

139 **双齿多刺蚁** *Polyrhachis dives* F. Smith, 1857

工蚁：体长 6.0 ~ 6.9 mm。体黑色，有时带褐色。柔毛密集，在后腹部更多。前胸背板肩角有 1 对尖刺，并胸腹节有长刺，端部稍向外弯。腹柄结有 1 对长刺，向后弯，长刺间有 2 ~ 3 枚齿，如果有 3 枚齿，呈"品"字形排列。头、并腹胸和腹柄结有粗密网状刻纹，后腹部网状刻纹稍细弱。

分布：安徽、浙江、云南、湖南、广东、广西、福建、海南、台湾；缅甸，越南，老挝，柬埔寨，马来西亚，新加坡，菲律宾，日本，澳大利亚，巴布新几内亚。

图 139　双齿多刺蚁 *Polyrhachis dives* 工蚁和雌蚁
（左图是蚂蚁受惊的状态：单子龙摄；右上图中的蚂蚁在放牧介壳虫：黄宝平摄；右中图中的蚂蚁在放牧蚜虫：刘彦鸣摄；右下图中的一只雄蚁和一只工蚁在交流：刘彦鸣摄）

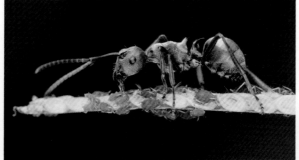

140 始兴多刺蚁 *Polyrhachis shixingensis* Wu et Wang, 1995

工蚁：体长 6.1 ~ 7.2 mm。体黑色，触角末端、足和后腹部末端褐黄色。柔毛稀疏，细短。并腹胸全长具棱边，前胸背板肩角

图 140　始兴多刺蚁 *Polyrhachis shixingensis* 工蚁

（左图：刘彦鸣摄；右图：杨宇摄；左图中的蚂蚁正在挖掘巢穴；右图中的蚂蚁在搬运蛹，它的旁边还有一只小的幼虫）

圆，并胸腹节有长直刺，刺呈三角形，基部宽。腹柄结有长刺，刺斜向后上方。头、并腹胸和腹柄结有精细网状刻纹，后腹部光亮（图140）。

141 光亮多刺蚁 *Polyrhachis lucidula* Emery, 1893

工蚁：体长 5.0 ~ 6.0 mm。体黑色，触角和足色略浅。全身无柔毛。前胸背板无棱边，肩角略突出；中胸背板略有棱边；并胸腹节有长刺，腹柄结有尖刺，指向后方。头、并腹胸和腹柄结有网状刻纹，后腹部光亮（图 141）。

分布：广东、香港；缅甸。

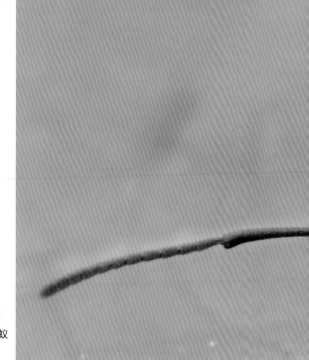

图 141　光亮多刺蚁
Polyrhachis lucidula 工蚁
（刘彦鸣摄）

142 阿玛多刺蚁 *Polyrhachis armata* (Le Guilliou,1842)

　　工蚁：体长 11.4 ～ 11.7 mm。头、并腹胸和腹柄结黑色，后腹部深红褐色。前胸背板肩角有长刺，并胸腹节刺长于前胸背板刺，

稍向下弯。腹柄结中间有 2 枚小齿，后侧有 2 根向内弯的长刺。头、并腹胸和腹柄结有粗密刻点，足和后腹部刻点细密（图 142）。

分布：云南、广东、海南；缅甸，印度，菲律宾，印度尼西亚，东南亚地区，澳大利亚。

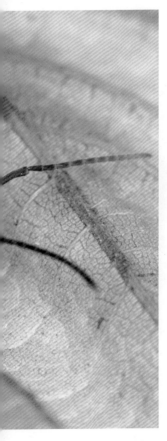

图 142　阿玛多刺蚁
Polyrhachis armata 工蚁
（单子龙摄）

143　毛钳弓背蚁 *Camponotus lasiselene* Wang et Wu,1994

工蚁：体长 3.8 ~ 5.0 mm。体黑色，上颚、触角及足跗节褐红色。全身有丰富的白色短立毛。前胸背板前缘有棱边，肩角突出呈角状；

前-中胸背板缝清晰；中-并胸腹节缝深凹；并胸腹节在背板缝后突起，端部突出成钝粗齿，齿端部内弯，形状像钳。腹柄结厚。头、并腹胸和腹柄结有粗密刻点，后腹部有密集细刻点（图143）。

分布：云南、广东、广西。

图 143　毛钳弓背蚁 *Camponotus lasiselene* 工蚁和雌蚁

（左图：杨宇摄；右图：刘彦鸣摄）

144 红头弓背蚁 *Camponotus singularis* (Smith, 1858)

工蚁：体长 8.6 ～ 12.9 mm。体黑色，头部红色。全身有白色长柔毛。刻点粗。并胸腹节背板呈球状突起，腹柄结球形（图144）。

分布：云南、广东、广西；缅甸，老挝，印度，越南，泰国，柬埔寨，印度尼西亚。

图 144　红头弓背蚁 *Camponotus singularis* 工蚁
（左图：单子龙摄；右图：刘彦鸣摄；右图中的蚂蚁在放牧一群蚜虫）

145 哀弓背蚁 *Camponotus dolendus* Forel, 1892

工蚁：体长 6.2 ~ 10.4 mm。体黑色，上颚及足跗节褐红色，后腹部各节背板末缘有白色窄带。全身有密集短柔毛。并腹胸较厚实，腹柄结鳞状。后腹部粗大。全身具细密网状刻点，无光泽（图 145）。

分布：西藏、云南、四川、湖南、广东、广西；越南，老挝。

图 145　哀弓背蚁 *Camponotus dolendus* 工蚁

（左图：单子龙摄；右图：刘彦鸣摄；左图中的蚂蚁正在吸食植物叶片上的水滴；右图中的蚂蚁发现了两只半翅目昆虫猎物）

146 拟哀弓背蚁 *Camponotus pseudolendus* Wu et Wang, 1989

工蚁：体长 8.3 ～ 14.6 mm。与哀弓背蚁相似，但个体较大，直立毛较多，柔毛较长，后腹部体节后缘有黄色窄带（图 146）。

分布：重庆、云南、贵州、四川、湖南、广东、广西；印度，斯里兰卡，日本，朝鲜。

图 146 拟哀弓背蚁 *Camponotus pseudolendus* 工蚁和蚁后

（杨宇摄；图中较小的为工蚁，较大的为蚁后、大型工蚁和小型工蚁体型相差较大）

147　黄斑弓背蚁 *Camponotus albosparsus* Forel, 1893

工蚁：体长 4.0~8.2 mm。头褐黄色至褐色，前部色较深；并腹胸、腹柄结和足橙红色，后腹部黑色，第 1 节和第 2 节背板两侧各具 2 个黄色至黄白色斑。头顶有密集网状刻点，后头角刻点弱，稍具光泽；并腹胸和腹柄结有细弱刻纹，较光亮；后腹部刻纹更细，光亮（图 147）。

分布：河南、安徽、上海、江苏、浙江、湖南、广西、福建、台湾、香港；喜马拉雅地区。

图 147　黄斑弓背蚁 *Camponotus albosparsus* 工蚁
（刘彦鸣摄，上图为大型工蚁，下图为小型工蚁，下图中的蚂蚁正在取食一朵掉落地面的花）

148　尼科巴弓背蚁 *Camponotus nicobarensis* Mayr, 1865

　　工蚁：体长 5.2 ~ 9.0 mm。头部褐红色或红色；触角柄节暗褐色；并腹胸褐红色至暗红色；后腹部第 1、第 2 节（有时第 3 节）背板部分橙红色至红色，其余部分暗褐色。头部有皮革状网纹，有

图 148　尼科巴弓背蚁 *Camponotus nicobarensis* 工蚁和蚁后
（左图：刘彦鸣摄；右图：黄宝平摄；左图为工蚁，右图为蚁后，右图中
的蚂蚁在放牧蚜虫）

弱的光泽；并腹胸和后腹部除网状刻纹外还有细弱的皱纹,较暗（图148）。

分布：云南、广东、广西、海南；印度、缅甸、越南。

149　拟光腹弓背蚁 *Camponotus pseudoirritans* Wu et Wang, 1989

工蚁：体长 7.0 ~ 11.4 mm。大型工蚁体红褐色，头顶黑色，后腹部色比并腹胸深，上颚及唇基前端深红色，触角鞭节及足褐红色。小型工蚁颜色浅于大型工蚁。头部有密集网状细刻点和稀疏的粗凹刻，较暗；并腹胸和结节有细密刻纹，后腹部较光亮（图 149）。

分布：云南、四川、湖南、广东、广西。

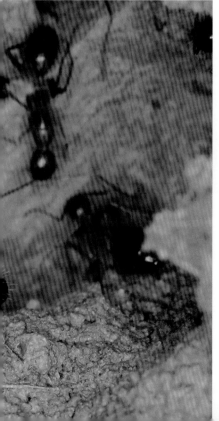

图 149　拟光腹弓背蚁 *Camponotus*
pseudoirritans 工蚁和蚁后
（左下图：刘彦鸣摄；右上图：杨宇摄；
图中较小的为工蚁，较大的为蚁后，工
蚁还分为大型工蚁和中小型工蚁）

150 平和弓背蚁 *Camponotus mitis* (F. Smith, 1858)

工蚁：体长 7.6 ~ 12.2 mm。与拟光腹弓背蚁非常相似。主要不同为头较宽，体较粗壮，触角柄节短，前胸背板较宽。后头部直立毛较短，后腹部立毛较多（图 150）。

分布：陕西、云南、贵州、湖北、江西、湖南、广东、广西、福建、海南、香港、澳门；斯里兰卡，印度。

图 150 平和弓背蚁 *Camponotus mitis* 工蚁和蚁后

（杨宇摄，图中较小的为工蚁，较大的为蚁后）

151 杂色弓背蚁 *Camponotus variegatus* (Smith, 1858)

工蚁：体长 8.4 ~ 10.2 mm。头及后腹部暗褐色，并腹胸浅橙黄色至黄褐色，触角鞭节和足颜色浅于并腹胸。头狭长，后部缩窄。并腹胸狭窄，侧扁。头、并腹胸及腹柄结有细密网状刻纹，无光泽；后腹部刻纹细弱，较光亮（图 151）。

分布：浙江、湖南、广东、广西、台湾、香港、澳门；斯里兰卡，缅甸，新加坡，夏威夷岛。

图 151　杂色弓背蚁 *Camponotus variegatus* 工蚁

（左图：单子龙摄；右上图：刘彦鸣摄；右下图：黄宝平摄）

152 褐毛弓背蚁 *Camponotus fuscivillosus* Xiao et Wang, 1989

工蚁：体长 6.5 ~ 11.0 mm。体黑色，头和后腹部带褐色，触角和足褐红色。全身有丰富的褐色长毛，并腹胸背面的长毛多于 40 根（图 152）。

分布：江西、湖南、广东。

图 152　褐毛弓背蚁 *Camponotus fuscivillosus* 工蚁

（刘彦鸣摄；图中蚂蚁在啃咬腐朽树干上的苔藓）

153 **日本弓背蚁** *Camponotus japonicus* **Mayr, 1866**

工蚁：体长 9.2 ~ 12.2 mm。体黑色。颊前部、上颚及足红褐色。前胸背板和中胸背板较平，并胸腹节急剧侧扁，腹柄结较薄。头、并腹胸和腹柄结有细密网状刻纹，有一定光泽；后腹部刻点更细密。头和并腹胸有稀疏立毛和细短柔毛；腹柄结有立毛 8 ~ 10 根；后腹部有丰富的倾斜毛和倒伏毛（图 153）。

分布：全国各地；日本，俄罗斯，朝鲜，东南亚地区。

图 153　日本弓背蚁 *Camponotus japonicus* 工蚁和蚁后
（杨宇摄，图中较小的为工蚁，较大的为蚁后）

154 金毛弓背蚁 *Camponotus tonkinus* Santschi, 1925

　　工蚁：体长 8.8 ~ 14.1 mm。体黑色，触角和足染红色。与日本弓背蚁基本相同，但毛被明显为褐红色或棕红色（图 154）。

　　分布：四川；越南。

图 154　金毛弓背蚁 *Camponotus tonkinus* 工蚁

（左图：刘彦鸣摄；右图：单子龙摄；左图中的工蚁在吸食植物分泌物；
右图中的工蚁在捕猎）

155 少毛弓背蚁 *Camponotus spanis* Xiao et Wang, 1989

工蚁：体长 9.0~12.7 mm。体黑色，头两颊部略带红色，足关节处黄褐色。体有稀疏的棕黄色直立毛。头和并腹胸较暗，后腹部光亮（图 155）。

分布：安徽、浙江、湖南、福建。

图 155　少毛弓背蚁 *Camponotus spanis* 工蚁
（刘彦鸣摄，图中蚂蚁捕猎到一只蛛形纲节肢动物）

156 沃斯曼弓背蚁 *Camponotus wasmanni* Emery, 1893

工蚁：体长 8.0~8.6 mm。体黑色，上颚端部、足关节处及端跗节红色。并腹胸短宽，腹柄结节厚，近球形。全身具密集网状刻纹和粗刻点。立毛银白色，细长，密布全身，长立毛间还杂有丰富的倒伏细短毛（图 156）。

分布：广东、广西；印度。

图 156　沃斯曼弓背蚁 *Camponotus wasmanni* 工蚁

（刘彦鸣摄）

157 截胸弓背蚁 *Camponotus mutilarius* Emery, 1893

工蚁：体长 6.0 ~ 9.0 mm。俗称香斑弓背蚁。体形与沃斯曼弓背蚁相似，体黑色，但中胸、并胸腹节和腹柄结红色，后腹部第 1 节背板有 2 个大红斑（图 157）。

分布：云南；缅甸。

图 157　截胸弓背蚁 *Camponotus mutilarius* 工蚁

（杨宇摄；左图为大型工蚁，右图为小型工蚁，图中的蚂蚁在吸食植物叶片上的水滴）

158　平截弓背蚁 *Camponotus nipponicus* Wheeler, 1928

工蚁：体长 3.9 ~ 5.3 mm。体褐红色，头前半部深红色，前胸、触角及足略带黄色。头前部及两颊内陷，平截，形成奇特的形状，正面观似木雕面具。并腹胸短，并胸腹节斜面近垂直。后腹部粗长，圆柱形。头部在触角以前部分有粗糙刻点和稀疏大型凹刻，头其余部分和身体光亮（图 158）。

分布：河南、四川、广东、广西；日本。

图 158　平截弓背蚁 *Camponotus nipponicus* 大型工蚁和小型工蚁
（杨宇摄）

159 费氏弓背蚁 *Camponotus fedtschenkoi* Mayr, 1877

工蚁：体长 5.8 ~ 10.0 mm。体黄色，头部颜色稍暗。并腹胸较细长。全身光亮（图 159）。

分布：新疆；土库曼斯坦，哈萨克斯坦，俄罗斯，阿富汗，伊朗，吉尔吉斯斯坦，外高加索地区，中亚地区。

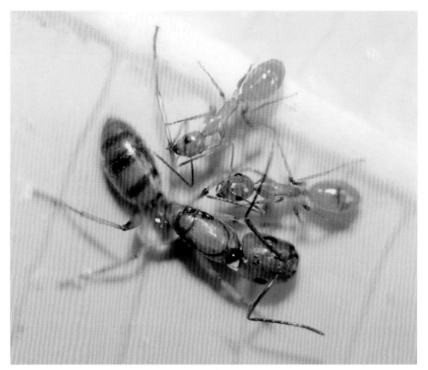

图 159 费氏弓背蚁 *Camponotus fedtschenkoi* 工蚁和蚁后

（杨宇摄；图中较小的为工蚁，较大的为蚁后）

160 中亚弓背蚁 *Camponotus turkestanus* André, 1882

工蚁：体长 6.0~12.0 mm。与费氏弓背蚁相似，但头更宽，复眼离后头较远，头颜色更深，并腹胸更粗壮（图 160）。

分布：新疆、四川；蒙古，哈萨克斯坦，俄罗斯，阿富汗，伊朗，外高加索地区，中亚地区。

图 160 中亚弓背蚁 *Camponotus turkestanus* 工蚁

（杨宇摄）

161 厚毛弓背蚁 *Camponotus monju* Terayama, 1999

工蚁：体长 7.0~11.0 mm。体深红褐色。后腹部密布长直立毛和短倒伏毛（图 161）。

分布：云南、台湾；日本。

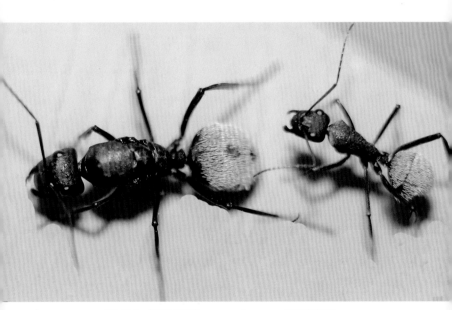

图 161 厚毛弓背蚁 *Camponotus monju* 蚁后和工蚁
（杨宇摄；图中左为蚁后，右为工蚁）

中文名索引

拉丁学名索引

V